国家出版基金项目
NATIONAL PUBLICATION FOUNDATION

珠江流域水生态健康评估丛书

珠江流域高原湖泊健康评估体系构建与应用

王旭涛　黄少峰　黄迎艳　李思嘉　编著

中国水利水电出版社
www.waterpub.com.cn
·北京·

内 容 提 要

珠江流域大型天然湖泊较少，主要集中在上游云贵高原的南盘江水系。随着流域人类开发活动强度加剧，高原湖泊的生态功能出现明显退化。本书在珠江流域高原湖泊多年的水生态监测基础上，开展了高原湖泊生态健康评估探索，构建了高原湖泊生态健康指标体系，从湖泊水质、水生物群落、物理结构和流域开发利用情况等方面分析了高原湖泊存在的健康问题，并提出了保护对策。

本书共分9章，包括了珠江流域高原湖泊的水生态现状和生态健康评估，可为湖泊生态环境管理提供参考。

图书在版编目（ＣＩＰ）数据

珠江流域高原湖泊健康评估体系构建与应用 / 王旭涛等编著. -- 北京：中国水利水电出版社，2021.5
（珠江流域水生态健康评估丛书）
ISBN 978-7-5170-9637-5

Ⅰ．①珠… Ⅱ．①王… Ⅲ．①珠江流域－水环境质量评价 Ⅳ．①X824

中国版本图书馆CIP数据核字(2021)第105920号

书 名	珠江流域水生态健康评估丛书 **珠江流域高原湖泊健康评估体系构建与应用** ZHU JIANG LIUYU GAOYUAN HUPO JIANKANG PINGGU TIXI GOUJIAN YU YINGYONG	
作 者	王旭涛　黄少峰　黄迎艳　李思嘉　编著	
出版发行	中国水利水电出版社 （北京市海淀区玉渊潭南路 1 号 D 座　100038） 网址：www.waterpub.com.cn E-mail：sales@waterpub.com.cn 电话：(010) 68367658（营销中心）	
经 售	北京科水图书销售中心（零售） 电话：(010) 88383994、63202643、68545874 全国各地新华书店和相关出版物销售网点	
排 版	中国水利水电出版社微机排版中心	
印 刷	北京印匠彩色印刷有限公司	
规 格	184mm×260mm　16 开本　13 印张　333 千字	
版 次	2021 年 5 月第 1 版　2021 年 5 月第 1 次印刷	
印 数	001—500 册	
定 价	**98.00 元**	

2011 年中央一号文件提出"十二五"期间基本建成水资源保护和河湖健康保障体系，党的十八大又把生态文明建设放在突出的地位。为贯彻落实中央精神，切实做好河湖健康保障工作，进一步推动我国河湖生态环境保护与修复工作的开展，按照全国重要河湖健康评估工作的总体部署，水利部建立了统一、全面的河湖健康评估指标体系，在全国开展重要河湖健康评估试点工作。此项工作可以明确水利部及流域机构作为"河流代言人"的职责，可以对重要河湖健康状况"定期体检"。

现行的全国河湖健康评估技术文件包括《河流健康评估指标、标准与方法（试点工作用）》和《湖泊健康评估指标、标准与方法（试点工作用）》（以下简称"技术文件"）。两者都从水文水资源状况、物理结构状况、水质状况、生物状况以及社会服务状况 5 个方面建立相应的评估指标体系。

由于我国地域跨度较大，各河流、湖泊的自然条件千差万别，全国使用同一评估指标显然无法满足河湖健康评估的要求，因此水利部水资源司颁布的技术文件中也适当地增加了流域自选指标，保证在评估标准框架不变的情况下，流域机构可以因地制宜建立更科学的评估体系。即便如此，我国的河湖健康评估工作还处于试点阶段，技术文件仅仅是对试点工作的一个指导性、纲领性文件，由于缺乏大量实际观测数据的支持，技术文件在评估指标选取、指标权重确定以及指标赋分等方面普遍采用的是专家主观判断法，缺乏一定的严谨性。

鉴于上述原因，本书没有照搬水资源司的技术文件对高原湖泊健康状况进行评估，而是选择珠江流域具有特色的五大高原湖泊作为研究对象，通过对五大高原湖泊连续 6 年的水质、水生态等监测数据进行数理统计分析，构建了珠江流域高原湖泊健康评估体系，以期为河湖健康评估工作提供新的思路和有益补充，并使用该评估体系对珠江流域高原湖泊健康状况进行评估，为高原湖泊水生态环境保护和修复提供技术支撑，为深层次的水资源管理、水生态保护提供科学依据和决策服务，以期预防和减少高原湖泊发生水生态灾害。

作者

2021 年 4 月

目　录

第 1 章

总　　论

1.1　研究背景

　　湖泊一直以来是人类繁衍生息、孕育文明的主要场所，也是各种水生物的栖息地。但随着社会经济的发展，我国多数湖泊生态系统都面临严重的污染问题：根据《2010 年中国环境状况公报》，在全国 26 个国控重点湖泊（水库）中，达到 Ⅱ 类水质的 1 个，占 3.8%；Ⅲ 类的 5 个，占 19.2%；Ⅳ 类的 4 个，占 15.4%；Ⅴ 类的 6 个，占 23.1%；劣 Ⅴ 类的 10 个，占 38.5%，主要污染指标为总氮和总磷。26 个国控重点湖泊（水库）中，营养状态为重度富营养的 1 个，占 3.8%；中度富营养的 2 个，占 7.7%；轻度富营养的 11 个，占 42.3%；其他均为中营养，占 46.2%。其中太湖、滇池、巢湖、东湖、大明湖、白洋淀、西湖等几个重要湖泊都呈现不同程度的富营养化状态。

　　珠江流域内分布的大型天然湖泊数量较少，其中西北部源头地区分布有五大高原湖泊。这些高原湖泊处于云南省工业和城镇人口相对集中、农业资源较为富集、旅游业发展较为迅速的地区，生态价值显著，对地区乃至全国的经济、社会发展起着重要支撑作用。但是从 20 世纪 90 年代以来，高原湖泊污染和生态退化日益突出，根据《云南省九大高原湖泊 2011 年四季度水质状况及治理情况公告》，珠江流域五大高原湖泊仅抚仙湖污染程度较轻，星云湖、杞麓湖、阳宗海、异龙湖全部为重度污染。

　　珠江流域高原湖泊水深岸陡，入湖支流水系较多，而出流水系普遍较少，湖泊换水周期长，属封闭性或半封闭型湖泊；湖泊水体容量大，流动性差，抗污染能力差，具有高生态脆弱性的特点；流域内干湿季节转换明显，降雨分布极不均匀，湖泊水位随降水量的季节变化而变化；湖水清澈，冬季亦无冰情出现，流域景色秀丽，气候温和，光热资源丰富，海拔落差明显，既是垂直气候明显的区域，也是生物多样化丰富的流域。流域人口相对集中，经济发展相对落后，且对资源合理开发和流域生态环境保护有强烈依赖性，流域存在着季节性缺水和水安全问题，水质性缺水问题突出，直接影响着全流域经济社会的可持续发展。

　　因此，开展珠江流域高原湖泊水生态健康评估是湖泊管理的一种新的理念和模式，它不仅对湖泊管理提出了新的要求，而且丰富了内涵，是湖泊管理理念的重大转折，是实现高原湖泊水资源管理的重要支撑工作之一。本书在过去多年的高原湖泊水生态健康监测与评估的基础上，综合国内外现有的主流研究成果，结合珠江流域高原湖泊的特殊性，从湖泊理化结构、生物组成、物理结构、外部干扰等多个角度，开展珠江流域高原湖泊的水生态健康评估研究。

本书的目标是了解珠江流域高原湖泊水生态健康状况，诊断导致湖泊健康问题的关键因素，掌握湖泊健康变化规律，建立并完善具有区域特色的湖泊水生态健康评估指标体系，为全面开展珠江流域高原湖泊水生态健康评估奠定研究基础，提供可借鉴的高原湖泊水生态健康评估体系，为云南省各级人民政府制定湖泊可持续发展战略、规划，为湖泊水生态健康管理提供科学依据和借鉴。

1.2　湖泊生态系统健康的内涵

评估生态系统的健康程度方法繁多，目前学术界仍未有一个一致认可的指标体系。众多学者从各自的研究领域出发，在多个角度给出了生态系统健康的定义，譬如 Page（1992）从医学的角度提出健康就是生态系统中的有机体之间、有机体与无机环境间能保持和谐的关系。袁兴中等（2001）则提出，健康的生态系统中能量流动和物质循环不受损坏，生态系统具备长期抵御干扰和自我恢复的能力，并且能被人类利用，有助于社会经济的发展。目前最权威的、得到学术界广泛认可的观点是 Costanza（1992）提出的，他认为生态系统健康应该是以下 6 个概念的结合：①健康是生态内稳定现象；②健康是多样性或复杂性；③健康是没有疾病；④健康是稳定性或可恢复性；⑤健康是有活力或增长的空间；⑥健康是系统要素间的平衡。综合各家的观点，一个健康的生态系统必须是能保持新陈代谢活力，并且内部组织结构完整，具备抵抗外界干扰和自我恢复的能力。

湖泊湿地生态系统健康可以认为是生态系统健康中的一个分支。湖泊湿地生态系统作为一个特殊的生态系统，能提供水源，蓄洪调水，补充地下水，清除和转化毒物、杂质，保留营养物质，保持气候，给野生动物提供栖息地、航运、旅游休闲和教育科研等方面。国际生态系统健康学会给出湖泊（湿地）生态系统健康的定义为：湖泊（湿地）生态系统健康是指湖泊（湿地）生态系统没有疾病特征，结构保持稳定并可持续发展，生态系统随着时间的进程有活力并且能维持其组织及自主性，在外界胁迫下容易自我恢复到原来平衡状态。其他学者对这一定义的补充包括：生态系统具有完整性，对各种扰动保持稳定性和弹性，具有维持自身有机组织的能力。

从目前开展的研究来看，湖泊水生态健康评价主要是从生态系统健康的概念、内涵和评价指标体系、评价模型和评价标准等方面来开展的。即使各项研究的关注角度不同，但学者们仍持有一个共识，即：如果某一生态系统稳定、恢复力强，能够随时间的推移维持其自身状况和对外压迫力的恢复，那么该系统是健康的。

湖泊作为人类重要生境之一，提供了多种服务功能，其健康状况与人类生存和发展密切相关。如何全面、科学地评价湖泊的健康状况，正成为环境科学和生态学研究领域关注的热点问题之一，并对湖泊的监测和管理具有极其重要的应用价值，为湖泊生态系统修复和功能开发利用提供理论指导。

目前国内外开展的湖泊水生生态系统健康研究主要是选用生态指标来进行评价,但其评价方法与标准的确定仍处于探索过程中;再加上目前对于湖泊生态系统健康还处于静态评价的阶段,而湖泊健康与否本身就是动态变化的。因而,从哪些方面入手构建较为完善的、能突出高原湖泊特点的湖泊健康评价指标体系,采用什么方法与标准评价湖泊是否健康,影响湖泊健康状况时空动态变化的驱动因子又是什么,如何维持与修复湖泊健康,这些都是湖泊研究领域中值得探讨的科学问题。

1.3 工作原则

1.3.1 人水和谐原则

水是生命的源泉,是人类赖以生存的自然资源,水系统与人类社会系统相互依存、相互促进,是相互关联、密不可分的一个整体。整体发展不仅要求人类社会经济稳步有序发展,同时也要求水系统在结构和功能上健康发展。

人水和谐的本质是人与自然的和谐,水问题是人类共同面临的自然挑战,是人类社会经济可持续发展的制约因素,水资源的可持续利用是人水和谐追求的最终目标,人水和谐是社会可持续发展的本质特征,追求人水和谐是人类共同的目标。人水和谐要求人与自然统一,水资源可持续利用将促进自然资源的持续、生态的持续、经济的持续和社会的持续统一,水资源的可持续利用也是构建人水和谐的重要前提。

和谐的人水关系是人与自然协调发展的前提和基础。随着社会经济的快速发展,水问题日益突出,已成为人类社会进一步发展的瓶颈,人水关系面临着前所未有的挑战。寻求人水共同发展之路,实现人水和谐,已成为全球的焦点问题之一。人水和谐研究为流域水资源开发利用方略的制定和实施提供科学的依据,具有重要的科学理论意义和现实的指导意义。应以促进人水和谐、维护湖泊健康为核心理念,遵循自然规律,在发挥湖泊社会服务功能和为经济社会发展服务的同时,更加重视和维系湖泊自然功能和生态功能。

1.3.2 真实客观原则

真实客观原则包括:保证湖泊水生态健康评价的结果真实性;保证评价指标的准确性及指标计算的真实性;保证评价标准的规范性和有效性。所选取的各项指标不能脱离指标相关资料信息条件的实际情况,要保证指标体系的完整及简洁,而且参数要易于获取、量化方便、便于计算和分析。在现有监测统计成果的基础上,收集整理近年来流域的水文、水质、水生态等相关资料,或采用合理(时间和经费)的补充监测手段获取其他资料。以"资料收集为主,现状调查为辅"的思路完善湖泊水生态健康评估工作。

1.3.3 目标性原则

评价指标的确定应该与评价的目标一致。评价的目标是研究高原湖泊水生态健康状况,探求高原湖泊水生态系统衰退的原因。因此选择的评价指标应当能够准确恰当地反映研究区域的水生态健康状况。构建的指标体系应尽可能涵盖物理、化学、生物等各个层面。

1.3.4 可比性原则

可比性原则是指统一和规范纳入健康评价体系的评价指标的内容和方法，使其具有一定的科学性。在统一的基础上，使高原湖泊水生态系统健康评价结果无论是在时间还是空间上都具有可比性。

1.3.5 代表性原则

现阶段条件下的湖泊生态系统是受人类干扰较大的复杂的开放系统，流域水生态健康状况受到多种因素的制约，把所有影响的因素都纳入评价体系显然不太现实，这就需要对指标进行筛选，从众多影响因素中筛选出具有决定性的因素，使其能综合反映高原湖泊生态系统的基本特征和水生态健康状况。

1.3.6 可操作性原则

所选的指标应当意义明确，具有各自独立的含义，便于理解和易于操作，从而使评价方法和标准能恰当地应用。纳入指标评价体系的数据应当易于采集，使评价结果便于统计，能为水生态健康状况评价的实施提供有效的信息。

1.3.7 灵敏性原则

灵敏性是指指标能够快速准确地反映河流生态系统环境细微的变化，这对于流域水生态系统健康评价意义重大。因此，为使健康评价结果更加可靠，所选的评价指标必须能够灵敏地反映河流生态系统物理、化学、生物或者系统水平上的变化。

1.4 技术路线

珠江流域高原湖泊水生态健康评估需满足以下技术要求（见图1-1）：

（1）评估结果能完整，准确地描述和反映某一时段湖泊的水生态健康水平和整体状况，能够提供现状代表性图案，以判断其适宜程度，为湖泊管理提供综合的现状背景资料。

（2）评估结果可以提供横向比较的基准，对于不同区域的类似湖泊，评估结果可用于互相参考比较。

（3）评估指标可以长期监测和评估，能够反映湖泊健康状况随时间的变化趋势；尤其是通过对比，评估管理行为的有效性。

（4）通过湖泊评估，识别湖泊所承受的压力和影响，对湖泊内各类生态系统的生物物理状况和人类活动进行监测和评估，寻求自然、人与湖泊系统健康变化之间的关系，以探求湖泊健康受损的原因。

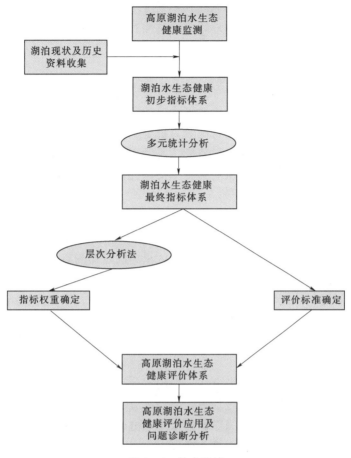

图 1-1 技术路线

1.5 工作内容

高原湖泊水生态健康评估是指对湖泊系统物理完整性（水文完整性和物理结构完整性）、化学完整性、生物完整性和社会服务功能完整性以及这些特性之间的相互协调性进行评价。高原湖泊水生态健康评估的工作内容包括确定试点湖泊水生态分区、评估指标体系及评估指标选择、资料收集和监测点位确定、建立湖泊水生态健康评估基准和指标标准、现状调查监测、资料汇总分析、调整评估指标和监测点位、开展补充调查监测和汇总、分析全部资料，对高原湖泊水生态健康状况进行评估、编制结果报告等方面的内容。

1.5.1 确定评估指标

湖泊水生态健康评估需要考虑湖泊生态系统在不同时间和空间尺度上做出响应的所有要素，对湖泊系统的水文、物理结构、化学、生物和社会服务功能等方面的完整性以及这些要素之间的相互协调性进行综合评价，这些要素中的任何一个单项指标都无法明确指示湖泊的水生态健康状况，通常需要一组相互补充的指标体系才能提供湖泊健康的准确情况。本书湖泊水生态健康评估指标体系采用目标层（湖泊健康状况）、准则层和指标层 3 级体系。准则层包括水文完整性、物理结构完整性、化学完整性、生物完整性和服务功能完整性 5 个方面。指标层包括全国基本指标和云南省特征指标。

1.5.2　建立评估基准和指标标准

湖泊健康评估需要为反映生态系统健康状况的各个指标设定目标值，在生态分区和河流分类基础上先确定基准状况，基准状况分为最小干扰状态、历史状态、最低干扰状态和可达到的最佳状态 4 种。根据不同指标特征，通过不同的方法确定评估指标标准，以判定各项指标与基准状态的偏移程度，从而对各个指标进行赋分。

1.5.3　数据采集和筛选

本书在综合考虑各项指标数据采集分析可操作性的基础上，确定评估指标体系组成。通过收集相关历史资料、实地查勘、划分评估区域、确定监测点位，编制监测方案；采用现场采集测定、遥感影像解译、文献资料查阅、实验室分析等多种方法获得所需的指标数据；对收集的所有资料和现状调查监测数据进行汇总、分析；根据分析结果，调整评估指标和监测点位，并进行补充调查监测。

1.5.4　湖泊水生态健康评估

水生态健康评估采用分级指标评分法，在确定各项指标权重的基础上，根据各项指标的现状调查分析结果进行赋分，逐级加权，综合评分。在此基础上，详细分析各项指标的适用性及关键影响因子，识别引起高原湖泊水生态健康问题的主要指标，为今后的高原湖泊健康管理提供理论支持，并提出合理化建议。

第 2 章

珠江流域高原湖泊概况

珠江流域五大高原湖泊位于流域的西北部源头区，分布于云南省的中部，海拔 1400～1800m，属于南盘江水系，是滇中高原上的几颗明珠。其中抚仙湖、星云湖位于玉溪市的江川、澄江、华宁3县境内，是云南九大高原湖泊中的两个姐妹湖；阳宗海位于昆明市的呈贡、宜良和玉溪市的澄江3县之间；杞麓湖位于玉溪市的通海县；异龙湖位于红河州的石屏县。珠江流域五大高原湖泊地理地貌资料见表2-1。

表 2-1 珠江流域五大高原湖泊地理地貌资料

序号	湖名	海拔/m	湖面面积/km²	平均水深/m	最大水深/m
1	抚仙湖	1720.00	212.0	87.0	151.5
2	星云湖	1723.00	39.0	9.0	12.0
3	阳宗海	1770.00	31.0	20.0	30.0
4	杞麓湖	1797.00	37.3	4.0	6.8
5	异龙湖	1412.00	31.0	2.8	6.6

2.1 抚仙湖

2.1.1 自然环境概况

抚仙湖位于玉溪市境内，跨澄江、江川、华宁3县，流域面积674.69km²，湖平面呈南北向的葫芦形，是我国蓄水量最大的湖、最大的高原深水湖、第2深的淡水湖，属南盘江水系。目前，抚仙湖流域统一属澄江县托管，分为3个片区，其中北岸片区涉及凤麓街道、龙街街道、右所、九村及海口5个镇；路居片区涉及路居和江城2个镇；海镜、海关片区仅涉及青龙1个镇，共8个镇，总计42个行政村或社区，238个自然村。

抚仙湖湖面海拔为1720.00m时，水域面积约212.0km²，湖长约31.4km，湖最宽处约11.8km；湖岸线总长约100.8km，最大水深约151.5m，平均水深约87.0m，相应湖容约206.2亿m³，目前水质为Ⅰ类。入湖河道有梁王河、东大河、马料河等52条，间断性河流和农灌沟53条，多年平均入湖径流量16723万m³，其唯一出口海口河多年平均出流水量约9572万m³。抚仙湖—星云湖出流改道工程完成后，抚仙湖最高水位1722.00m、最低水位 1720.50m；每年 2—5 月抚仙湖向星云湖输水，其余时段两湖独立运行，遇较大洪水时向海口河排泄。

抚仙湖流域植被以草丛、灌丛、针叶林等次生植被为主，森林覆盖率 27.03%。流域内植树造林合格面积约 16.4 万亩，退耕还林面积约 9.6 万亩，治理水土流失面积约 96.2km²。径流区现有水土流失面积 208.8km²，占总面积的 30.94%，年流失入湖的泥沙量达 34.56 万 t。蓄水量相当于 15 个滇池和 6 个洱海，占云南九大高原湖泊总蓄水量的 72.8%。

2.1.2 水污染物排放现状

抚仙湖流域污染来源分为：点源——城镇居民生活污染、餐饮宾馆污染、工业及旅游企业污染、磷矿磷化工污染；农村农业面源——农村生活污染、畜禽养殖污染、农田面源污染；城镇面源污染；水土流失；湖面干湿沉降。

2015 年流域点源污染物产生量分别为化学需氧量 15457.5t、氨氮 615.2t、总氮 897.7t、总磷 119.6t；面源污染物产生量为化学需氧量 25177.2t、氨氮 1198.6t、总氮 3022.0t、总磷 590.9t。全流域污染物产生总量为化学需氧量 40634.8t、氨氮 1813.8t、总氮 3919.6t、总磷 710.5t。

2015 年流域点源污染物排放量分别为化学需氧量 2089.6t、氨氮 135.0t、总氮 212.8t、总磷 18.9t；面源污染物排放量为化学需氧量 6313.1t、氨氮 665.5t、总氮 2054.9t、总磷 395.9t。全流域污染物排放总量为化学需氧量 8402.8t、氨氮 800.6t、总氮 2267.8t、总磷 414.8t。

根据对控制径流面积占流域 80% 以上的 28 条河流水质、水量监测结果，核算出 2015 年全流域污染物入湖总量：化学需氧量 2841.3t、氨氮 102.1t、总氮 1536.1t、总磷 84.7t。

2015 年，抚仙湖流域污染负荷产生量、排放量、入湖量及其关系见表 2-2。

表 2-2　　　2015 年抚仙湖流域污染负荷产生量、排放量、入湖量关系总表　　　单位：t

污染源类别	行政区	化学需氧量	氨氮	总氮	总磷
污染负荷产生量	北岸片区合计	29388.0	1337.2	2814.0	514.6
	路居片区合计	8054.3	349.0	818.2	140.1
	海镜、海关片区合计	3192.5	127.6	287.4	55.8
	总计	40634.8	1813.8	3919.6	710.5
污染负荷排放量	北岸片区合计	5703.4	573.8	1582.4	302.2
	路居片区合计	1888.9	157.3	494.3	78.3
	海镜、海关片区合计	810.5	69.5	191.1	34.3
	总计	8402.8	800.6	2267.8	414.8
污染负荷入湖量	北岸片区合计	1987.5	75.1	1015.0	57.7
	路居片区合计	675.3	21.4	417.7	20.1
	海镜、海关片区合计	178.5	5.6	103.4	6.9
	总计	2841.3	102.1	1536.1	84.7

2.1.3 水环境质量现状

2015年，抚仙湖水质综合类别评价为Ⅰ类，无超标月份，达到水体功能Ⅰ类水质要求。

2015年，抚仙湖9条主要入湖河流中，马料河、东大河、代村河、隔河、梁王河、尖山河、路居河为Ⅳ类；牛摩河、山冲河为劣Ⅴ类。9条河流水质达标率（按月）分别为：马料河水质达标率为58.3%、隔河100%、路居河67%、山冲河8.1%、东大河100%、代村河80%、梁王河100%、尖山河100%、牛摩河25%，主要超标指标涉及化学需氧量、氨氮、五日生化需氧量、溶解氧和总磷。

根据抚仙湖近30多年的水体营养状态指数发展趋势进行综合分析，营养状态指数由1980年的6.8上升至2000年的18.55，上升了2.7倍；2000—2012年营养状态指数趋于稳定的状态，且稳中有降，表明抚仙湖生态系统逐渐恢复；2013—2015年营养状态指数又略微上升，目前为20.38，仍处于贫营养状态。

2.2 星云湖

2.2.1 自然环境概况

星云湖位于云南省玉溪市江川县境内，地理位置为东经102°45′~102°48′，北纬24°17′~24°23′，东临华宁县，西接玉溪市区，南与通海县接壤，北与晋宁、澄江两县为邻。湖面呈茄形，南北长9.087km，东西最大宽4.727km，东西最小宽2.518km，最大水深12.0m，平均水深9.0m。当水位高程1722.5m时，湖面面积34.329km²，湖泊蓄水量为2.0981亿m³，湖周长38.8km。现行运行水位1721.5~1722.5m，历年最高水位1723.11m，最低水位1720.56m，最大变幅2.55m，年内变化0.73~1.68m。湖水主要靠地表径流和湖面降水补给，补给系数10.9。星云湖入湖径流量为11195万m³/a，其中陆面径流量8191万m³/a，湖面降水量3004万m³/a。主要河流多年平均入湖径流量为6200万m³，占陆面径流量的76%。

星云湖流域地处低纬度、高海拔地带，具有气候温和、四季不分明、干湿季明显的亚热带半湿润高原季风气候的特点。多年平均降水量863.1mm，雨季主要集中在5—10月，降水量占全年降水量的84.3%。

出流改道前，星云湖流域共有大龙潭河、周德营河、学河、东西大河、大街河、大庄河、旧州河、大寨河、渔村河、周官河、小街河和螺蛳铺河12条主要入湖河流，河道总长132.3km，多数河流坡降较大。此外，流域内还有一定量的流量较小的山箐、土沟、农灌渠等。河流大多为季节性河流，根据星云湖流域年降水量分析，径流区干湿季节分明，枯季降水量占全年降水量的16%左右，汛期降水量占84%左右。出流改道实施后，隔河成为星云湖新的入湖河流，目前已经贯通运行的出流改道隧洞成为星云湖的出湖口，最大泻流量为9.2m³/s。

2.2.2　水质现状

2015 年，星云湖未达到国家水环境功能要求（地表水Ⅲ类标准）。未达标的水质监测指标有 6 项，分别是 pH 值、高锰酸盐指数、五日生化需氧量、总氮、总磷、化学需氧量（见表 2-3）。

表 2-3　　　　　　　　　　　　　　2015 年星云湖水质现状

月份	pH 值	溶解氧	高锰酸盐指数	化学需氧量	五日生化需氧量	氨氮	总磷	总氮	综合评价
1 月	劣Ⅴ	Ⅰ	Ⅳ	Ⅴ	Ⅳ	Ⅱ	Ⅴ	劣Ⅴ	劣Ⅴ
2 月	Ⅰ	Ⅱ	Ⅳ	劣Ⅴ	Ⅳ	Ⅲ	劣Ⅴ	劣Ⅴ	劣Ⅴ
3 月	劣Ⅴ	Ⅰ	Ⅴ	劣Ⅴ	Ⅳ	Ⅱ	劣Ⅴ	劣Ⅴ	劣Ⅴ
4 月	劣Ⅴ	Ⅰ	Ⅴ	Ⅴ	Ⅳ	Ⅱ	劣Ⅴ	Ⅴ	劣Ⅴ
5 月	劣Ⅴ	Ⅰ	Ⅴ	劣Ⅴ	Ⅴ	Ⅱ	劣Ⅴ	Ⅴ	劣Ⅴ
6 月	劣Ⅴ	Ⅱ	Ⅴ	劣Ⅴ	Ⅴ	Ⅱ	劣Ⅴ	Ⅴ	劣Ⅴ
7 月	劣Ⅴ	Ⅲ	Ⅴ	Ⅴ	Ⅴ	Ⅱ	劣Ⅴ	Ⅴ	劣Ⅴ
8 月	劣Ⅴ	Ⅰ	Ⅴ	Ⅴ	Ⅴ	Ⅱ	劣Ⅴ	Ⅴ	劣Ⅴ
9 月	劣Ⅴ	Ⅰ	Ⅳ	Ⅴ	劣Ⅴ	Ⅱ	劣Ⅴ	劣Ⅴ	劣Ⅴ
10 月	劣Ⅴ	Ⅲ	Ⅳ	Ⅴ	Ⅳ	Ⅱ	劣Ⅴ	劣Ⅴ	劣Ⅴ
11 月	劣Ⅴ	Ⅰ	Ⅳ	Ⅴ	Ⅳ	Ⅱ	劣Ⅴ	劣Ⅴ	劣Ⅴ
12 月	Ⅰ	Ⅱ	Ⅳ	Ⅳ	Ⅲ	Ⅱ	劣Ⅴ	劣Ⅴ	劣Ⅴ
平均	劣Ⅴ	Ⅰ	Ⅳ	Ⅴ	Ⅴ	Ⅱ	劣Ⅴ	劣Ⅴ	劣Ⅴ

全年水质综合评价为劣Ⅴ类。星云湖污染物超标（相对Ⅲ类）水质指标中，总磷最高超标倍数为 6.3 倍；其次是五日生化需氧量，超标倍数为 1.75 倍；其他依次是：总氮＞化学需氧量＞高锰酸盐指数＞pH 值。氨氮为国家规定的总量控制指标，星云湖水体未超标。

8 条入湖河流水质类别及其影响因子见表 2-4。中轻度污染的河流主要影响因子是溶解氧，重度污染的河流主要影响因子是氨氮、总磷、化学需氧量和五日生化需氧量。

表 2-4　　　　　　　　　　　　　2015 年星云湖入湖河流水质

河流	水质类别	影响因子
大龙潭河	Ⅳ	溶解氧
学河	Ⅳ	溶解氧、五日生化需氧量、氨氮、总磷
东西大河	Ⅴ	化学需氧量、五日生化需氧量、氨氮、总磷、石油类
周德营河	Ⅴ	化学需氧量、五日生化需氧量、氨氮
渔村河	Ⅳ	溶解氧、化学需氧量、五日生化需氧量、氨氮、总磷
螺蛳铺河	劣Ⅴ	化学需氧量、五日生化需氧量、氨氮、总磷
大街河	劣Ⅴ	溶解氧、化学需氧量、五日生化需氧量、氨氮、总磷
大庄河	劣Ⅴ	溶解氧、高锰酸盐指数、化学需氧量、五日生化需氧量、氨氮、总磷、石油类

2.2.3 污染物负荷总量现状

2015 年，星云湖流域主要污染物化学需氧量、总氮、总磷和氨氮总产生量分别为 43971.72t、4346.94t、927.39t、3068.90t。

2015 年，星云湖流域化学需氧量、总氮、总磷和氨氮总排放量分别为 12913.77t、2846.22t、586.13t、2003.85t。

2015 年，星云湖流域化学需氧量、总氮、总磷和氨氮总入湖量分别为 5050.15t、1264.50t、273.68t、1003.05t。

2.3 阳宗海

2.3.1 自然环境概况

阳宗海地跨澄江、呈贡、宜良 3 县之间，距昆明市 36km，属于珠江流域南盘江水系。阳宗海流域 5—10 月降水量占全年降水量的 86% 左右，而 6—8 月降水量占全年降水量的 57%，占整个汛期的 66%。阳宗海流域径流主要来自大气降水，总体表现为夏季丰水、冬季枯水、春秋季过渡的形式。

阳宗海湖面呈纺锤形，流域面积 252.7km²，湖面面积 31.1km²，水位海拔 1770.00m，平均水深 20.0m，最大水深 30.0m，湖泊南北平均长 12.7km，东西平均宽 2.5km，湖岸长 32.3km，总蓄水量 6.04 亿 m³，径流区多年平均产水量 0.36 亿 m³，总库容 6.16 亿 m³。当水位降至 1768.35m 时，湖水面积 29.65km²，库容约 5.42 亿 m³。阳宗海近年最高水位为 1770.77m（1999 年 11 月 3 日）；日最低水位为 1767.53m（1995 年 5 月 29 日）。阳宗海近年平均入湖量为 5156 万 m³，最枯月平均水位为 1767.67m，月平均库容为 5.24 亿 m³（1995 年 5 月），相应的水面面积为 29.11km²，相应水深 27.34m。

《2015 年云南省环境状况公报》显示，2015 年阳宗海水质类别为Ⅳ类，水质轻度污染，未达到水环境功能要求（Ⅱ类）。主要超标指标为砷（Ⅳ类，超标 0.05 倍）、总磷（Ⅲ类，超标 0.36 倍）、化学需氧量（Ⅲ类，超标 0.17 倍）。湖库单独评价指标总氮为Ⅲ类。全湖平均营养状态指数为 41.2，处于中营养状态。

阳宗海有鱼类 28 种，经鉴定分隶于 6 目 11 科 20 属。其中土著鱼类 20 种，外来鱼类 8 种，在土著鱼类中，南盘江特有水系种 4 种，阳宗海特有种 5 种，云贵高原特有种 5 种，鲤科鱼类 7 种。金线鱼是阳宗海的主要经济鱼类，占鱼产量的 70% 左右。阳宗海螺蛳、阳宗白鱼、短尾鳞、阳宗金线鲃、云南盘鮈等阳宗海特有种类于 20 世纪 80 年代逐渐消失。

2.3.2 污染物排放概况

污染负荷产生量：阳宗海流域水污染源主要包括工业、城镇生活、旅游服务业、农业农村面源、城市面源、水土流失和湖面干湿沉降。2015 年阳宗海流域污染负荷产生总量为化学需氧量 8460t、总氮 1045t、总磷 217t、氨氮 325t。

污染负荷排放量：污染物产生量减源头消纳及污染治理设施削减即为污染物排放量。2015 年阳宗海流域污染负荷排放总量为化学需氧量 1458t、总氮 241t、总磷 32t、氨氮 64t。

污染负荷入湖量：污染物排放量经过程衰减即为入湖污染物量。2015 年阳宗海流域污染物入湖量为化学需氧量 952t、总氮 153t、总磷 17t、氨氮 38t。

2.3.3　水环境质量现状

1. 湖体水质现状

2015 年阳宗海湖体营养状态为中营养，除砷浓度超Ⅲ类水标准外，其余指标均达到Ⅲ类水标准。从 2011—2015 年水质变化趋势来看，化学需氧量、总氮、总磷、氨氮浓度总体上呈波动上升趋势，特别是 2015 年总氮年均浓度为近 5 年最高，由 2011 年的 0.56mg/L 上升到 0.78mg/L，存在富营养化风险。

从空间分布上看，阳宗海湖体化学需氧量在南部和西部浓度较高，主要原因是阳宗海南岸近年来城镇化发展迅速，西岸临近湖边分布村庄，且西岸为流域新兴开发区，区域内分布多家企业，农村农业面源及城镇生活污染负荷大；总磷在东北部和西南部浓度较高，主要是因为受到东北岸春城湖畔高尔夫球场雨季面源污染和西南岸农村农业面源污染，以及企业生产、生活污水雨季溢流污染的影响；总氮和氨氮在西部浓度较高，主要是西岸临近湖边村庄产生的农村农业面源污染以及雨季区域内企业污水和雨水无法完全收集，排入湖体造成一定影响所致。

从湖体水质垂向分布情况看，化学需氧量、总氮和氨氮在表层浓度较高，总磷、硝态氮和亚硝态氮在底层浓度较高。总体来看，阳宗海湖体作为周边污染源的受纳水体，随着外源污染物的输入，表层水体最先接收污染物，相比于下层水体水质较差；底层水体直接与阳宗海沉积物接触，沉积物中污染物存在向上覆水释放污染物的风险，导致底层污染物浓度较高。

2. 入湖河道水质现状

2015 年，阳宗大河、七星河和摆依河年均值均达到Ⅲ类水标准。从 2011—2015 年水质变化趋势来看，阳宗大河 2011 年水质类别为Ⅳ类，超标指标为化学需氧量，之后除个别月份化学需氧量、总磷超标外，水质总体保持Ⅲ类水标准；七星河总体一直保持Ⅲ类水标准，个别月份化学需氧量、总磷超标；摆依河 2011—2012 年水质类别为劣Ⅴ类，主要超标污染物为化学需氧量、氨氮和总磷，2013 年，河流水质类别由劣Ⅴ类上升到Ⅳ类，主要超标污染物为总磷，2014—2015 年摆依河水质基本处于Ⅲ类水。

2.4　杞麓湖

2.4.1　自然环境概况

杞麓湖流域位于云南省中部，隶属玉溪市通海县。流域为新月形断陷盆地，位于东经 102°33′48″～102°52′36″，北纬 24°4′36″～24°14′2″，属于珠江流域西江水系。杞麓湖流域是一个典型的高原湖盆地，近似为一个封闭的西东向平行四边形，四周群山环抱，山峦起伏，中部为湖泊，海拔为 1797.00m，湖周为平坝区，主要分布在湖泊的南、西、北三面，面积约 100km²，坝区外围为中、低山，海拔多为 1979～2100m。杞麓湖最高蓄水位为 1797.65m，相应水量 18285 万 m³；杞麓湖最低蓄水位为 1794.95m，相应湖面面积 5.16 万亩、水量 8440 万 m³。

杞麓湖流域地处北回归线附近的低纬度高原地区，夏、秋季主要受印度洋西南暖湿气流和太平洋东南暖湿气流的控制，冬、春季受到来自北非、西亚及印巴半岛等干燥气流和北方南下的干冷气流控制，形成冬季干燥温暖、夏季温暖潮湿的大陆性气候。年平均温度 15.6℃，最冷月（1 月）平均气温 9.0℃，最热月（7 月）平均气温 19.9℃，年实测最高气温 31.9℃，年实测最低气温－5.4℃，最热月平均气温与最冷月平均气温相差 10.9℃。年平均日照率 52%，多年平均霜期 104d，年平均有霜日 27d、无霜日 338d。多年平均相对湿度 73.4%，风向多为偏南风，多年平均风速 2.7m/s，属于中亚热带半湿润高原季风气候。多年平均蒸发量为 1150mm，多年平均降水量为 872.7mm，降水量的年际变化一般为 800～1000mm，全年 53.3% 的雨量集中在 6—8 月。

20 世纪 80 年代开始，为防洪排涝和扩大耕地面积，几经放水，至 1983 年水位降到最低，为海拔 1792.07m，湖内蓄水仅 0.176 亿 m³，湖泊面临干涸。1985 年以来，加强了管理和保护，湖水位开始回升。

杞麓湖周围有大小河溪 8 条，西岸长沙河最大，长 24km，其次为南岸的大新河，长 11km，其余均为 10km 以下的季节性沟溪。以坡面漫流汇入杞麓湖。沿湖还有兴义岩子、兴龙潭、石毕大龙潭、甲宝井龙潭等 36 处泉水补给，水量不大，但较稳定。杞麓湖没有明河出口，镇海岳家营的落水洞是杞麓湖唯一的排洪口，仅有伏流通过外泄。1966 年在落水洞建有 2.5m×2.5m 的两孔闸门，根据雨情、水情控制水位。湖面周围有 9.5 万亩农田需湖水灌溉。

杞麓湖属富营养型湖泊，水质污染以有机污染和氮、磷污染为主；年平均水温 15.6℃；原有鱼类区系组成比较简单，其组成为杞麓鲤、大头鲤、云南鲤、翘嘴鲤、鲫鱼、泥鳅、星云白鱼杞麓亚种、黄鳝、鲇鱼、乌鲤等 10 种土著鱼类。1964 年以前主要是自然增殖，以后开始进行人工放养、人工投放，随之而入的鱼类有鲤鱼、白鲫、青鱼、草鱼、鲢鱼、鳙鱼、中华鳑鲏、麦穗鱼、棒花鱼。现有鱼类 4 科 18 种，土著经济鱼类产量大为下降，大头鲤、鲇鱼已几乎绝迹，乌鲤、杞麓鲤、翘嘴鲤、云南鲤、白鱼等名贵经济鱼类已濒临灭绝。

2.4.2 水质现状

1. 湖泊水质

自 2010 年以来，杞麓湖化学需氧量在 50mg/L 上下波动，总氮基本不能满足Ⅴ类水质要求，总磷基本处于Ⅴ类水质 0.20mg/L 控制指标之下；2015 年监测数据表明，杞麓湖总氮、化学需氧量均不能满足Ⅴ类水质要求（见表 2-5）。三类主要污染物及富营养化指数在湖泊水位持续快速下降期间，均出现了浓度大幅增加波动的情况，主要由于湖泊底泥受降雨冲刷，水生植物枯死污染物释放，以及湖水水位下降等因素对湖体水质产生综合影响，客观反映了杞麓湖内源污染也是主要污染源，浅滩底泥清淤及湖边湿地水生植物收割也应作为湖泊治理重点工作。

表 2 - 5   2015 年杞麓湖平均水质统计   单位：mg/L

月份	氨氮		总氮		总磷		化学需氧量		高锰酸盐指数		综评
	浓度	功能	浓度	功能	浓度	功能	浓度	功能	浓度	功能	
1 月	0.36	Ⅱ	5.34	劣Ⅴ	0.041	Ⅲ	56	劣Ⅴ	10.2	Ⅴ	劣Ⅴ
2 月	1.54	Ⅴ	4.72	劣Ⅴ	0.067	Ⅳ	52	劣Ⅴ	14.1	Ⅴ	劣Ⅴ
3 月	1.13	Ⅳ	5.04	劣Ⅴ	0.049	Ⅲ	54	劣Ⅴ	14.3	Ⅴ	劣Ⅴ
4 月	1.22	Ⅳ	4.54	劣Ⅴ	0.058	Ⅳ	58	劣Ⅴ	17.3	劣Ⅴ	劣Ⅴ
5 月	0.51	Ⅲ	3.52	劣Ⅴ	0.047	Ⅲ	60	劣Ⅴ	25.2	劣Ⅴ	劣Ⅴ
6 月	0.87	Ⅲ	4.81	劣Ⅴ	0.055	Ⅳ	63	劣Ⅴ	23.3	劣Ⅴ	劣Ⅴ
7 月	1.14	Ⅳ	6.3	劣Ⅴ	0.076	Ⅳ	65	劣Ⅴ	18.8	劣Ⅴ	劣Ⅴ
8 月	0.96	Ⅲ	6.25	劣Ⅴ	0.078	Ⅳ	57	劣Ⅴ	19.3	劣Ⅴ	劣Ⅴ
9 月	0.76	Ⅲ	4.66	劣Ⅴ	0.067	Ⅳ	58	劣Ⅴ	13.4	Ⅴ	劣Ⅴ
10 月	1.02	Ⅳ	5.54	劣Ⅴ	0.054	Ⅳ	51	劣Ⅴ	12.6	Ⅴ	劣Ⅴ
11 月	1.14	Ⅳ	4.09	劣Ⅴ	0.05	Ⅲ	47	劣Ⅴ	11.9	Ⅴ	劣Ⅴ
12 月	0.65	Ⅲ	3.94	劣Ⅴ	0.041	Ⅲ	49	劣Ⅴ	12.7	Ⅴ	劣Ⅴ

2. 河道常规监测情况

杞麓湖各监测断面情况见表 2 - 6，各入湖河流监测点总磷、总氮均不能满足 Ⅴ 类水质要求。

表 2 - 6   杞麓湖各监测断面情况   单位：mg/L

断 面	氨氮		总氮		总磷		化学需氧量		高锰酸盐指数	
	浓度	功能	浓度	功能	浓度	功能	浓度	功能	浓度	功能
红旗河	2.05	＞Ⅴ	15.62	＞Ⅴ	0.33	＞Ⅴ	75	＞Ⅴ	14.6	Ⅴ
者湾河	3.84	＞Ⅴ	6.38	＞Ⅴ	0.32	＞Ⅴ	70	＞Ⅴ	14.17	Ⅴ
十街排污渠 1 号	2.36	＞Ⅴ	8.33	＞Ⅴ	0.55	＞Ⅴ	63.67	＞Ⅴ	11.73	Ⅴ
十街排污渠 2 号	7.37	＞Ⅴ	18.56	＞Ⅴ	0.33	＞Ⅴ	78.33	＞Ⅴ	11.93	Ⅴ
大坝沟	0.27	Ⅱ	12.18	＞Ⅴ	0.27	＞Ⅴ	44.33	＞Ⅴ	8.23	Ⅳ
纳古排污渠 1 号	30.18	＞Ⅴ	33.37	＞Ⅴ	1.09	＞Ⅴ	189	＞Ⅴ	27.23	＞Ⅴ
纳古排污渠 2 号	15.56	＞Ⅴ	17.15	＞Ⅴ	1.5	＞Ⅴ	66	＞Ⅴ	9.7	Ⅳ
二街排污渠 1 号	13.98	＞Ⅴ	17.98	＞Ⅴ	1.09	＞Ⅴ	55.67	＞Ⅴ	8.87	Ⅳ
二街排污渠 2 号	16.08	＞Ⅴ	18.59	＞Ⅴ	1.39	＞Ⅴ	64.67	＞Ⅴ	10.2	Ⅴ
二街排灌渠 1 号	9.38	＞Ⅴ	12.46	＞Ⅴ	2.12	＞Ⅴ	77.67	＞Ⅴ	14.83	Ⅴ

断 面	氨氮		总氮		总磷		化学需氧量		高锰酸盐指数	
	浓度	功能	浓度	功能	浓度	功能	浓度	功能	浓度	功能
二街排灌渠2号	0.14	I	26.64	>V	0.34	>V	27	IV	4.27	III
六街排污渠1号	9.02	>V	21.4	>V	2.16	>V	107.67	>V	15.93	>V
海东排灌渠	13.73	>V	16	>V	0.9	>V	89.33	>V	13.9	V
石夹沟	35.46	>V	81.03	>V	0.49	>V	41	>V	8.27	IV
大新河	11.6	>V	18.69	>V	1.06	>V	41.33	>V	8.93	IV
白鱼沟入湖口	7.63	>V	17.52	>V	0.8	>V	48.33	>V	12.47	V
窑沟入湖口	4.93	>V	16.59	>V	0.71	>V	47	>V	7.53	IV
中河入湿地	11.41	>V	15.93	>V	3.1	>V	87	>V	15	V
万家大沟入湖口	11.56	>V	14.62	>V	0.87	>V	57.67	>V	13.77	V
赵家大沟入湖口	5.01	>V	16.94	>V	0.37	>V	84	>V	15.5	>V
牛角坝大沟入湖口	2.78	>V	9.25	>V	0.31	>V	51.33	>V	15	V

2.4.3 污染物负荷总量现状

1. 污染负荷产生量

2015年流域点源污染物产生量分别为化学需氧量12574.18t、氨氮461.69t、总氮561.92t、总磷73.74t；面源污染物产生量为化学需氧量96728.32t、氨氮3132.65t、总氮9409.53t、总磷2084.03t。全流域污染物产生量分别为化学需氧量109302.50t、总氮9971.45t、总磷2157.77t、氨氮3594.34t。污染负荷产生量汇总具体见表2-7。

表2-7　　　　　　杞麓湖流域2015年污染负荷产生量汇总表　　　　　　单位：t

污 染 类 型		化学需氧量	总氮	总磷	氨氮
陆域点源	城市生活污染	2143.98	409.99	36.49	327.24
	工业污染	7323.40	—	—	28.10
	规模畜禽养殖	3106.80	151.93	37.25	106.35
陆域面源	农业种植	11203.81	4723.08	1287.72	—
	散养（其他点源）	80202.45	4074.49	644.64	2852.14
	水产	2.93	0.26	0.06	—
	农村生活	2266.72	436.20	41.82	276.72
	城市面源	376.98	29.79	4.28	3.79
	水土流失	2675.43	145.71	105.51	—
合 计		109302.50	9971.45	2157.77	3594.34

2. 污染负荷排放量

流域化学需氧量主要来源于农村生活，总氮、总磷主要来源于农业种植面源。化学需氧量排放强度，农业种植占到 27%，农业种植＞农村生活＞散养（其他点源）＞城市生活污染。总氮排放强度，农业种植占到 67%，农业种植＞农村生活＞城市生活污染。总磷排放强度，农业种植占到 81%，农业种植＞农村生活＞散养（其他点源）（表 2-8）。

表 2-8　　　　　　　　　　　　污染源污染物排放情况　　　　　　　　　　　单位：t

污　染　类　型		化学需氧量	总氮	总磷	氨氮
陆域点源	城市生活污染	1111.39	289.21	20	220.28
	工业污染	732.34	—	—	2.81
	规模畜禽养殖	85.84	8.34	1.09	5.84
陆域面源	农业种植	2454.64	1898.79	489.55	—
	散养（其他点源）	1604.93	138.18	25.65	96.73
	水产	2.93	0.26	0.06	—
	农村生活	2266.72	436.2	41.82	276.72
	城市面源	376.98	29.79	4.28	3.79
	水土流失	535.08	29.14	21.09	—
合　　计		9170.85	2829.91	603.54	606.17

3. 污染负荷入湖量

地表径流污染与湖面干湿沉降污染之和即为入湖污染总量。2015 年全流域污染物入湖总量为化学需氧量 5106.62t、总氮 2181.80t、总磷 107.69t、氨氮 412.15t。2015 年杞麓湖流域入湖污染负荷量见表 2-9。

表 2-9　　　　　　　　　　2015 年杞麓湖流域入湖污染负荷量　　　　　　　　单位：t

污　染　类　型		化学需氧量	总氮	总磷	氨氮
陆域点源	城市生活污染	618.86	182.39	3.29	149.77
	工业污染	407.79	—	—	1.91
	规模畜禽养殖	47.80	5.26	0.18	3.97
陆域面源	农业种植	1366.82	1197.45	80.59	—
	散养（其他点源）	893.68	87.14	4.22	65.77
	水产	1.63	0.16	0.01	—
	农村生活	1262.18	275.08	6.88	188.15
	城市面源	209.91	18.79	0.70	2.58
	水土流失	297.95	18.38	3.47	—
降尘	降尘	—	58.08	4.61	—
底泥释放	底泥释放	—	339.07	3.74	—
合　　计		5106.62	2181.80	107.69	412.15

化学需氧量首要来源为红旗河，占 40%，其次是者湾河，占 27%。总氮首要来源为红旗河，占 40%，其次是中河，占 16%。总磷首要来源为大新河，占 37%，其次是者湾河，占 33%。氨氮首要来源为中河，占 47%，其次是红旗河，占 40%。

按照陆域污染源构成，农业种植化学需氧量占 26.77%，其次是农村生活，占 24.72%，散养（其他点源）占 17.50%，城市生活污染占 12.12%。总氮首要来自农业种植，占 54.88%，其次是农村生活，占 12.61%，城市生活占 8.36%。总磷首要来自农业种植，占 74.83%，其次是农村生活，占 6.39%。氨氮来源以生活源为主，农村生活占 45.65%，城市生活占 36.34%。农业农村面源是杞麓湖的主要污染源，污染形势依然极为严峻。

2.5 异龙湖

2.5.1 自然环境概况

异龙湖属珠江支流南盘江一级支流泸江的源头，1971 年凿开青鱼湾隧洞后，湖水从青鱼湾隧道进入红河水系。湖泊水面面积 31km²，最大水深 6.6m，平均水深 2.8m，正常蓄水位 1414.2m。异龙湖主要入湖河流有 7 条，即赤瑞海河（城河）、城北河、城南河、龙港河、大水河、大沙河和渔村河，控制了 70% 以上的流域面积，其中异龙湖西岸的城河、城北河和城南河是最主要的入湖水量来源，入湖水量占河流入湖水量的 85%，城河入湖水量最大，占 59%。

异龙湖流域属北亚热带干燥季风与中热带半湿润季风气候区，流域多年平均降水量 919.9mm，多年平均蒸发量 1908.6mm。径流区年产水量 4182 万 m³，相对水量 11605 万 m³。2009—2013 年，受连续干旱影响，异龙湖水位迅速下降，2013 年 6 月底降至最低，蓄水量仅为 1573 万 m³。2013 年以来，异龙湖始终处于蓄水状态，没有形成出流。

流域土地利用结构以耕地和林地为主，森林覆盖率 51.6%，湖盆区和近湖面山区域有林地基本以经济林和灌丛为主，陆生生态系统比较脆弱，生态服务功能不强。湖泊水生态系统退化比较严重，自 20 世纪 50 年代以来，藻类的优势种由硅藻转变为蓝藻，浮游动物种类由近 170 种减少为 4 种，底栖动物由 13 种减少为 2 种，水生植物生物多样性大幅度下降，2010 年藻类密度极高，达到 317.2×10⁸ 个/L，是云南高原湖泊中最高的。近两年，随着局部湖区水质的改善，沉水植物有所恢复，但仍然是以红线草、狐尾藻等耐污种为主的单一群落，挺水植物基本以香蒲、芦苇为主的单一群落，水生态系统结构仍然比较单一。

异龙湖盛产鲤鱼、鲫鱼、乌鱼、鲢鱼等多种鱼类，尤以乌鱼肉质细腻最为出名。20 世纪 60 年代中期，水位下降，破坏了鱼类产卵场所，致使有名的土著鱼种拟嫩、异龙白鱼、花鱼相继灭绝。1981 年全湖干涸后，鱼类几乎绝迹，复水后，沿湖塘坝提供了鱼类种源，其中鲫鱼生长繁殖较快，逐渐形成优势种群，其产量占鱼产量的 80% 以上。异龙湖鱼类除引进的草鱼、鲤鱼、白鲢、鳙鱼及高背鲫鱼和团头鲂鱼外，还有 6 种。

2.5.2 水环境质量状况

根据已有监测资料分析，自 20 世纪 90 年代以来，异龙湖总氮浓度均值始终高于 Ⅲ 类水质保护目标，即使在水质最好的 2004 年、2005 年总氮浓度仍然是 Ⅲ 类水质标准的 1.8

倍。与总氮有所不同，异龙湖总磷浓度均值较低，其变化范围为 0.03～0.1mg/L，介于
Ⅲ～Ⅳ类水。近 30 年，异龙湖水质变化主要反映为 1992 年后水质好转并趋于稳定、2009
年水质急剧恶化、2014 年后水质逐步改善 3 个重要阶段。"十二五"期间，异龙湖水体总
体呈改善趋势，2013 年受连续干旱影响，水质急剧下降，但随着生态补水等工程的实施，
2014 年后呈现明显好转的趋势。2015 年，异龙湖水质仍然为劣Ⅴ类，但与 2010 年相比，
主要污染因子化学需氧量、总氮浓度分别下降了 41.08%、57.05%，水质状况明显好转。
湖西监测点位在 2014 年 11 月与 12 月水质类别达Ⅳ类，且 2015 年大部分水质指标单项值
为Ⅲ～Ⅴ类。异龙湖东与异龙湖中水质类别虽为劣Ⅴ类，但超标浓度明显下降。

异龙湖 7 条主要入湖河流中，2015 年城河常规监测数据中主要污染物浓度处于近 10
年来历史最低位，但水质评价仍为劣Ⅴ类，化学需氧量、总氮、氨氮污染物浓度分别是Ⅴ
类水质标准的 1.1 倍、2.7 倍、1.3 倍。2016 年 1 月沿程水质变化监测结果表明，城河水
质在空间上呈现为除赤瑞海下游河段水质略有改善外，松村以下至入湖河口段污染状况逐
渐加剧的特征，沿河两岸有 69 个排污口，对城河水质造成直接污染。城南河水质状况好
于城河，2016 年 1 月同期监测水质评价为Ⅲ类，但雨季和旱季的水质状况差异较大，
2015 年 8 月城南河监测数据中化学需氧量、氨氮超过Ⅴ类标准。城南河上下游水质变化
空间差异不大，仅在入湖口呈现出平缓升高的趋势。结合 2015 年 8 月和 2016 年 1 月两期
入湖河口监测数据，其余 5 条入湖河流中，除大水河 2016 年 1 月水质达到Ⅳ类外，城北
河、龙港河、渔村河、后所河水质评价均为劣Ⅴ类，主要污染因子为化学需氧量。

2.5.3 污染状况

2015 年，异龙湖流域内主要污染物化学需氧量、总氮、总磷、氨氮产生总量分别为
22144.44t、3347.66t、551.98t、1461.83t；排放总量分别为 7936.01t、1336.50t、
164.49t、444.13t，入湖总量分别为 2885.02t、501.35t、54.26t、179.71t。其中：化学
需氧量的主要污染来源为畜禽养殖污染、农村生活污染和以豆制品加工为主的工业企业污
染，分别占入湖总量的 28.10%、23.35% 和 17.05%。总氮的主要污染来源为农村生活污
染和农田化肥，分别占入湖总量的 44.80% 和 27.81%。总磷主要来源为农村生活污染，
占入湖总量的 48.67%，其次是农田化肥，占入湖总量的 24.41%。氨氮主要来源为农村
生活污染，占入湖总量的 69.73%。

将入湖污染负荷分解到各小流域，针对异龙湖的两个主要污染指标化学需氧量和总
氮，其中：化学需氧量首要污染来源为城河流域，占入湖总量的 34%，城河化学需氧量
主要来源于豆制品加工企业和农村生活污染，分别占该流域入湖总量的 37% 和 32%；总
氮的主要污染来源为散流区和城河流域，分别占入湖总量的 39% 和 28%，而城河总氮主
要来源于农村生活和农田化肥污染，分别占入湖总量的 38%、22%。

第 3 章

国 内 外 研 究 进 展

3.1 国内外研究现状

3.1.1 水质评价方法研究现状

水质现状是各类水域生态功能的重要体现，当前水质评价已成为全球专家学者的主要研究课题之一，并在近几十年来取得了大量的研究结果。

湖泊作为内陆流域的重要发源地，储存了地球上大量的淡水资源，湖泊良好的生态服务功能支撑了流域经济和社会的可持续发展。水质现状、水生生物多样性和底泥现状研究是水环境现状评价的 3 个组成部分，其中水质现状研究是水环境评价的主要分支，湖泊水环境现状是湖泊水体综合整治工程实施的依据，因此湖泊水质评价成为研究湖泊的一个重大课题。

湖泊水质评价主要以湖泊水体的理化性质、水生生物及服务功能等为依据，参考相关水质、水量评价方法与标准将湖泊水体进行分级。在水环境污染研究与评价方面，近年来国内外许多专家学者都取得了很大成果。水质评价研究初期主要依据专家评价法和生物学评价分类方法。早期的水质评价缺乏监测数据，只能依据相关行业专家的专业知识和经验对研究水体的水质做定性和定量评价，但评价结果往往由于主观因素的影响与实际有所偏差；20 世纪初柯克维兹和莫松等提出生物学评价法，按照相关方法与标准对所研究区域环境现状进行评价研究，可以预测所研究区域环境变化趋势。

自 Horton 等提出水质指标用于水质评价理论以来，有关水质评价方法的研究文献逐渐丰富，至今有几十种水质评价方法。我国的水环境研究开始于 20 世纪 70 年代，目前常用的方法分为单因子指数法、综合污染指数法、模糊综合评价法和 BP 神经网络法等。单因子指数法可以大概分析出所研究区域水体的环境质量，用于确定水体中各污染物的污染程度，以最差的评价指标来确定水质级别，结果较实际水质偏差较大，因此单因子指数法用于水质评价意义有限，常被用于分析某特定污染物的超标状况。综合污染指数法利用各污染因子在水体中的贡献度来综合确定水质级别，其综合考虑各项指标的作用大小，评价结果较为合理。由于综合污染指数评价过程中需综合考虑各污染因子对水体的影响，需计算各污染因子的单因子指数，因此单因子指数法可应用于综合污染指数法。例如弥艳等（2009）利用内美罗指数法确定 2008 年艾比湖水质为中度污染，其运用了单因子指数和内梅罗指数。模糊综合评价法基于数学理论的综合评价方法，其评价结果清晰，能有效地反映水体水质，该理论在美国首次被提出，后来被广泛应用于水质评价过程中，徐健等（2014）在评价同里古镇水质过程中，对模糊综合评价法进行改进，使评价结果更清晰。19 世纪末 D. Rumelhart 等发表 BP 神经网络的著作，并得到广泛关注。模拟人脑工作原理，BP 神经网络法为水质评价提供更客观的评价方法，苏彩虹（2011）提出 BP 神经网络在水质评价过程中，其评价结果更能反映实际水质。对于不同水质评价方法我国学者也做了许多分析与研究，李名升等（2012）通过对几种常用水环境质量评价方法分析与比较中提出指数法是目前水质评价过程中较常用的方法。尹海龙等（2008）以全国典型河流为样本，选取主要污染因子做评价指标，分别用多种综合评价方法判定水质，提出模糊综合评价法、BP 神经网络法等综合评价方法，适用于Ⅰ～Ⅴ类水评价，水质标识指数法适用于劣Ⅴ类水评价；朱静平（2002）对模糊综合评价法、改进的模糊分级方法、综合污染指数法进行了对比研究，提出了不同评价方法所适应的水环境。

随着水质评价理论的日渐完善，越来越多的新思路被用于水环境质量研究。例如刘琰等（2013）提出了水污染指数法用于水质评价，其评价结果较综合污染指数法更为准确，计算过程较其他综合方法更为简单，是各种评价方法优点综合的体现。20 世纪 70 年代初期开始，遥感用于水质监测的技术逐渐成熟，可用于湖泊实时监测；P. A. Brivio 等（2001）通过对 Garda 湖研究表明，TM 影像可以实现叶绿素 a 浓度的评价；Carder 等（2004）在对加尔达湖的研究中表明，MODIS 数据可以用来评价湖泊中叶绿素 a 的空间分布。近年来，国内外许多专家学者都取得了很大的研究成果，水质评价研究初期主要依据专家技术的运用方面，越发成熟，国内较早运用遥感技术进行水质监测的是傅善等（1994），其利用彩红外监测了苏南大运河的化学需氧量、溶解氧、五日生化需氧量、氨氮及有机污染物的变化情况。此外，杨一鹏等（2007）通过 Landsat/TM 的监测数据对太湖水体富营养化做出判定；张春桂等（2016）利用卫星遥感的标准算法模型和半分析算法模型，建立了海洋水质监测模型，并对福建近海域水质进行评价。近几年，在模糊综合评价法、层次分析法、BP 神经网络法等数学模型应用成功的基础上，许多文献对集对分析理论在水质评价方面的应用做了很多研究。邱林等（2007）利用集对分析的确定与不确定性对地下水水质进行综合分析，可清楚反映水质变化趋势。童英伟等（2008）提出集对分析理论作为水质评价新方法，应用价值很强，不仅可以有效地应用于河流水质评价，而且可以推广到其他领域。杜明亮等（2014）运用改进的集对分析理论，区分不同评价因子权重，使结果更有参考意义。随着科学的持续发展，水质评价方法越来越丰富，其计算过程越来越方便，评价结果也越来越合理。

3.1.2　湖泊水体污染现状

生命起源于水，其支撑着人类社会文明的进步，但人类过于注重经济发展，渐渐忽略了水体对人类的重要性。人类社会的发展对水环境造成了严重破坏，研究表明水污染问题是当今世界关注的热点之一，水污染严重影响了人类健康和生态环境。

近几十年来，我国水环境问题日益突出，各类水域污染物严重超标，特别是湖泊污染尤为严重。国家对 262 个典型湖泊进行监测发现，27.4% 的湖泊水质为 V 类水，11.3% 的湖泊水质为劣 V 类水，湖泊水环境呈不可持续发展态势。当前，我国湖泊主要面临水体水质不达标、水生态系统破坏严重、水体营养持续上升等问题。此外，武汉市近 60 年来有 90 处湖泊消失，湖泊面积萎缩也在给人类敲响警钟。

金相灿等（2012）研究表明湖泊萎缩、富营养化、生态破坏等一系列问题的出现主要是由于人类缺乏科学意识，对湖泊过度开发利用，导致湖泊水环境现状持续恶化。人类一系列的经济活动产生大量废弃物和污染物，依靠自然环境对污染物进行消化分解，致使大量污染因子进入湖泊水，湖泊水功能下降。李文杰（2009）研究表明不合理的土地利用是农田化肥药物、营养物质流失的主要原因，人类对土地过度的开发和利用导致土壤吸收营养物质能力下降，农田施肥的流失及药物残留威胁附近水体。此外，李恒鹏等（2013）研究表明不同的种植模式与土地利用度，所产生面源污染的种类和程度不同。我国作为农业大国，农业种植面积广阔，每年化肥施用量达 4000 万 t 以上。由于使用方式不当，农业用肥等利用率低，平均利用率低于 30%，大量农业用肥与用药进入水体，导致水质恶化。因此，农业化肥、农药的使用一直是水环境污染的主要来源。仓恒瑾（2004）认为农业污染是水体污染源中最重要和常见的污染源，是水体富营养化和水质恶化的主要原因，对水环境有着巨大威胁。我国农业发展迅速，农业面源污染形势严峻，浦碧雯（2013）研究表明：一方面，农业用肥、用药大量流失对流域生态环境造成破坏；另一方面，不恰当的使用方式，导致过量农药、化肥利用率低，大量污染物质经雨水冲刷等作用进入临近水体。张永龙等（1998）研究表明农田中的农药、化肥、有机物及无机物等是水体中污染因子的主要来源，进入湖泊后造成水体污染。Miller（1992）研究表明面源污染是水体的主要污染源，占 60% 以上，而农业污染是面源污染的主要来源，占 68%～83%，农业污染已经严重威胁全美的各类水域。而在控制湖泊水体农业面源污染方面，其主要措施是从源头控制，合理利用土地，提高土壤对肥料与药物的吸收率。

此外，专家学者也做了很多关于消减农业面源污染的研究，Moore 等（2002）研究表明人工湿地对毒死蜱的吸收效果显著；Braskerud 等（2002）通过对人工湿地各影响因素的探究，进一步促进了人工湿地在农业面源治理方面的应用和发展。我国部分地区基础设施不完善，农村和城镇生活污水得不到及时处理，也对流域水体造成极大威胁。我国人口众多，人均产污量大，生活排污已成为生态环境的重要污染源。胡爽（2012）研究表明生活污染源调查是流域污染源解析的重要环节，其对重庆市生活污染的主要来源做了解析。此外，工业以及养殖业污染排放控制也势在必行。河流是污染物消纳和迁移的主要渠道，入湖河流更是连接着陆地与湖区，因此入湖河流水质对湖泊整体水质有着直接影响。顾丁锡（1981）研究表明工业污染物以及生活污染物大部分都是通过入湖河流进入湖区，污染水体。孙卫红等（2009）在研究太湖流域的大型水系过程中发现，河流是太湖污染物的主要输送者。研究表明，入湖河流中携带大量污染物质，是污染物进入湖区的主要通道，太湖主要入湖河流水环境整治及其周边的环境污染治理是从源头控制污染物进入太湖。此外，张伟等（2011）关于南四湖入湖河流和宋海亮等（2006）关于太湖西段入湖河流的研究中也指出，加强入湖河流水质达标方案，是提升湖泊水质的主要途径。湖泊水环境综合整治应从流域污染源着手，只有从源头控制，湖泊污染才能从根本上解决。

3.1.3　湖泊富营养化研究现状

随着人类活动对湖泊的过度干扰以及农业、工业、养殖业等持续向湖泊输送营养物质，湖泊富营养化已经严重影响了全球湖泊的水环境质量，引起全球范围的广泛关注。

我国是农业大国，近年来我国经济持续增长的同时，湖泊环境持续遭到破坏，太湖、巢湖、滇池等多个湖泊生态环境持续恶化，水体富营养化水平持续上升。我国湖泊众多，但总体水质较差，全国 56% 以上的湖泊营养水平较高。

湖泊是重要的淡水储存库，是流域饮用水的主要来源，湖泊富营养化严重威胁流域居民饮水安全，2007 年太湖蓝藻暴发造成近百万人用水困难，湖泊富营养化正在影响人类社会的发展。湖泊富营养化主要是指外部干扰导致湖泊水体氮磷负荷过高，水质变"肥"的现象。在没有人类干扰的情况下，湖泊富营养化进程十分缓慢，但由于人类活动，湖泊在短时间完成贫营养到富营养的过渡。湖泊富营养化按照形成因素分为藻型富营养化和草型富营养化，而藻型富营养化生物主要表现形式是蓝藻水华。

蓝藻水华对湖泊的水生态健康造成严重的威胁，Havens（2008）研究表明，蓝藻导致水中溶解氧含量和透明度下降，破坏水体生态功能，影响水生生物生存和繁衍。此外，大量的营养物质被蓝藻水华所吸收，导致营养物质大量累积于湖泊中，蓝藻水华衰亡时，氮、磷等营养素大量被释放出来进入水生态系统，蓝藻水华吸收和释放作用影响营养元素的迁移和转化。草型富营养化是由于湖泊水体中氮、磷等营养物质含量过高导致湖中水草迅速生长，使得水中溶解氧含量和透明度下降，直接影响生态结构和服务功能。

湖泊的富营养化状况直接影响我国生态环境的可持续发展，陈小锋等（2014）通过对中国 25 个典型湖泊的研究发现，80% 的湖泊在近几十年受到不同程度的污染，在此期间我国经济发展忽略湖泊环境，导致湖泊富营养化蔓延。湖泊水体富营养化主要是由于湖泊中营养物质过高，其主要来源于外源输送和内源释放。

外源输送主要是由于人类活动所产生的营养物质经河流、雨水等作用输送到湖泊。外源主要包括生活污水、养殖废水等点源以及农田化肥等面源。近年来点源污染逐步得到控制，农田化肥成为营养物质的主要来源，农田氮、磷的大量流失是水体富营养化的主要成因。此外，张蔚文等（2006）研究表明，农田营养物质的流失是水体营养水平升高、湖泊生态系统破坏的首要原因。张维理等（2004）研究表明，我国农业发达，农田化肥、农药使用量大、流失多，各类水域富营养化严重。

内源释放是指累积在湖泊中的营养物质释放到水体中，使水体营养水平上升。内源释放主要来源于底泥、蓝藻水华衰亡及水生生物衰亡。国内外许多典型的河湖泊、港口和海湾等底泥的污染都十分严重。Pitkanen（2001）等研究发现，即使芬兰东部海湾外源输送的营养物质降低 30%，水体中磷的含量仍持续增加，说明内源释放也是水体营养物质的重要贡献者。此外，研究表明我国太湖、巢湖部分湖区底泥中总氮累积量高达 3000～4000mg/kg。进入湖泊的营养物质以各种赋存方式累积在湖泊底泥中，其累积形态不同，释放过程不同。例如磷在湖泊中可分吸附磷、生物磷和有机磷等，而吸附磷更容易进入水体。研究营养物质在底泥的存在形态，是当前的重大课题之一，对湖泊富营养化的内源污染研究具有重要意义。

当前，对富营养化湖泊的等级判定成为湖泊研究的重要分支。湖泊富营养化评价方法最初有综合营养指数法、生物学指数法等。王明翠等（2002）对各种营养状态指数法进行综合描述，阐述了具体分级标准。随着数学理论在各领域的广泛应用，模糊综合评价法、集对分析法等数学方法被应用于富营养化评价中，并取得丰富成果。林同云等（2014）通过建立湖泊水质集对分析模型，完成了白云湖的富营养化评价。随着遥感技术的迅速发展，遥感监测被广泛应用于湖泊富营养化评价。张海林（2003）利用 Landsat - 7 的监测数据，对武汉多个湖泊的营养水平进行分析。

湖泊富营养化的持续蔓延已经严重威胁到湖泊生态系统安全，富营养化的防治与综合治理势在必行。依据湖泊营养物质的来源，目前控制措施主要包括外源污染控制和内源污染治理两大方面。在控制外源污染方面，何淑英等（2008）提倡生态农业，减少农田化肥等对湖泊水质影响。周瑞芳（2010）提出制定和完善水环境法律法规，尤其是针对湖泊水环境的法律法规体系，加强工业企业管理。生活和工业等点源营养物质的排放是导致湖泊、水库富营养化的主要原因之一。谢礼国等（2004）认为实施截流工程是控制点源污染产生的氮、磷进入湖泊的有效途径。此外，湖泊底泥中累积大量营养物质，是湖泊富营养化的重要来源。因此，应加强富营养化湖泊的内源污染治理。大量研究表明，对富营养化湖泊采取底泥疏浚、注水稀释等物理方法可以有效地缓解湖泊内源污染。此外，部分学者提出的使用絮凝沉降和化学试剂杀藻等化学方法也能起到显著作用。目前，在内源污染治理方面使用最广的是生物方法，即利用水生生物的作用去除氮、磷等营养物质，研究结果表明，水生生物能有效减低水中氮、磷含量。在湖泊富营养化的综合整治方面，濮培民等（2012）提出生态修复的方法，即利用一系列生态工程对湖泊水环境进行综合整治，降低湖泊富营养化水平。

3.1.4 生态系统健康研究现状

湖泊的生态服务功能是湖泊生态系统价值的最大体现，健康的湖泊可长期持续地为社会发展提供服务。当前，在各种污染源的影响下，一些湖泊的水质恶化、生物多样性降低，导致湖泊呈现"病态"。修复受损湖泊生态系统，恢复湖泊生物多样性和其原有的社会服务功能，促进湖泊健康可持续发展，已经成为世界范围内共同关注的问题。

早在 18 世纪 80 年代，苏格兰生态学家 James Hutton 就提出了"自然健康"的概念，主要描述大自然在没有受损害情况下的正常状态，而生态系统健康的研究最早在 1988 年，由 Schaeffer 等（1988）提出"没有疾病"的概念，就生态系统健康的评价原则和方法进行研究。不同学科的专家依据自己的研究经验对生态系统健康提出不同观点，目前 Costanza 等（1992）提出的观点是学术界普遍认同的，他认为健康的湖泊生态系统应是稳定且没有疾病的，生态系统组分较为丰富，并具有维持自我平衡和恢复自身稳定的能力。我国在生态系统健康方面也有研究，其中较早的是曾德慧等（1999）对生态系统的概念、内涵做了较详细的描述。在生态系统评价方面，傅伯杰等（2001）对生态系统综合评价内容与方法做了相关研究；肖风劲等（2003）提出的"生态健康"概念综合了生态学、人类健康学及经济学等多个方面，并对生态系统健康评价体系的构建及应用做了详细描述；马克明等（2001）从活力、恢复力和组织结构三个特征定义生态系统健康，并对破坏生态系统健康的主要因子做出分析。虽然许多学者从其本身的研究领域和学科角度以及所解决的案例方面提出不同的生态系统健康的概念，但是他们仍有共同认识，即某一生态系统在外力的作用下如果有较强的自我恢复能力，能维持自身的稳定，那么它是健康的。

健康的湖泊是流域经济和社会发展的基础，湖泊生态健康评价是生态系统健康评价的重要方面，也是湖泊生态学研究的重要环节。健康的湖泊生态系统是湖泊研究者的理想目标，近年来，环境保护和湖泊管理部门一直为恢复湖泊生态系统健康而努力。胡志新等（2005）提出健康的湖泊生态系统应是生物多样性丰富且具有活力的，受到外界干扰时具有恢复能力。崔保山等（2001）认为健康的湖泊可以满足人类需求，湖泊生态系统评价应充分考虑人类因素。

湖泊生态健康具有湖泊生态服务功能，因此维持湖泊健康、湖泊生态系统可持续发展意义重大，实施湖泊生态系统健康评价势在必行。由于研究领域的不同，人们对生态系统健康概念的理解有所偏差。此外，生态系统的类型多样，因此在生态系统健康评价方面，评价指标体系的建立和评价方法的选择也存在一定的差异。建立生态系统评价体系是生态系统健康评价的基础，较完善的评价体系首先被用于海洋健康评价。湖泊生态系统健康评价指标体系的研究方面，最初 Rapport（1992）认为生物、物理、社会经济指标是湖泊生态系统健康评价的关键，后来袁中兴（2001）补充为物理、社会和生态指标三类。近年来，运用较为普遍的生态系统健康评价方法主要有：指示物种法、综合污染指数评价法、PSR 模型法。指示物种法是最早用于生态系统健康评价的方法之一，主要通过湖泊中指定物种的生存状况来反映湖泊生态系统的健康状况。如 Edwards 等（1990）利用鲑鱼对湖泊的营养程度进行评价。Costanza R 在 20 世纪 90 年代提出生态健康公式以来，有关生态健康评价的研究逐渐丰富。如刘永等（2004）提出综合健康指数法，并以此方法对滇池的水生态系统健康进行了评价；PSR 模型法，即建立"压力—状态—响应"模型，把人对自然的压力、资源的状态、管理措施的响应作为一个整体研究。解雪峰等（2014）以东阳江流域为研究范围，构建了东阳江生态系统健康"压力—状态—响应"评价指标体系，完成了东阳江流域生态健康评估。水生态健康评价是湖泊水质评价的主要途径，水生态健康评价方法的发展与完善对湖泊污染防治具有重要意义。

3.2　国内外湖泊健康评价研究中存在的问题

目前，对生态系统健康的研究主要针对的是陆生生态系统，对湖泊等水生生态系统的研究较少，尚未形成完整的理论体系，评价的概念和指标也主要来源和借鉴于对其他生态系统的研究。国内外的研究主要存在以下问题：

（1）对生态系统健康的认识、界定健康的标准不统一。如上文所述，对生态系统健康的定义学术界尚未有统一认识，直接导致了在评价生态系统健康时标准不一，使用的评价因子、评价手段也各不相同，在使用不同评价标准的生态系统间缺乏有效的横向比较。

（2）评价因子选取的科学性不足。湖泊生态系统评价的科学性建立在评价指标体系选取的合理性之上，选取的评价因子必须能从全局上反映湖泊生态健康状况。但是建立评价体系时，由于研究者研究的对象、目的、侧重点不相同，以及自身知识结构方面的差异，指标选择的主观人为因素很大，最终导致评价的结果有所偏颇。另外，环境因子间往往互相关联，因子的筛选、组合以及权重的分配难度很大。

（3）生态系统健康级别划分缺乏权威的参照。到目前为止，还没有一个权威的健康等级划分标准，许多学者自行划分了健康等级，对健康的界定也成为相对的界定，缺乏科学性。因此，迫切需要建立类似水质评价标准的湖泊生态系统健康标准，来规范湖泊生态系统的健康评价。

3.3 研究意义

3.3.1 贯彻落实中央一号文件，建设绿色珠江的需要

2011年中央一号文件《中共中央国务院关于加快水利改革发展的决定》指出，"到2020年要基本建成水资源保护和河湖健康保障体系，主要江河湖泊水功能区水质明显改善"。

水利部珠江水利委员会（以下简称"珠江委"）在分析珠江水资源特点和总结多年治理实践的基础上，提出了"维护河流健康，建设绿色珠江"的总体目标。在推动此目标的进程中，珠江委编制了《绿色珠江建设战略规划》（以下简称《规划》），提出了构建"绿源、绿廊、绿网、绿景"四大战略格局，其中"绿源"即建设绿色生态源区。高原湖泊正是珠江流域生态源区的重要组成部分。《规划》提出要切实保护源区生态敏感区域，维护自然湿地水域的生物栖息地和生态环境，维护水生生物多样性，促进生物资源可持续开发利用；并提出要深化研究河湖健康评价指标体系及符合流域特点的绿色珠江评价标准和评价方法，逐步完善绿色珠江理论体系。

3.3.2 保护高原湖泊脆弱生态环境的需要

与我国其他地区的湖泊相比，珠江流域高原湖泊在地理位置、水资源特性等方面有其特殊性：①全为外流型淡水湖，湖泊相对较深；②海拔一般为1200～3200m，日照强烈，氮磷等营养物常成为藻类生长的限制因子；③湖泊流域分界明显，水生生物特有种较多；而同一流域气候垂直变化大，造成了较高的生物多样性；④流域以山地为主，易发生水土流失，大量物质随之进入湖泊中；流域面积一般较小，降雨径流时间短，湖泊非点源污染明显，湖泊淤积萎缩快；⑤湖泊处于金沙江、珠江、红河和澜沧江四大水系的分水岭地带，过境客水少，而且降水量小，蒸发量大，使得湖泊流域内水资源贫乏且时空分布不均。以上各种地理、气候特点造就了珠江流域高原湖泊生态系统的特殊性，其脆弱的水生态环境一旦受到破坏将难以恢复。因此，开展高原湖泊水生态健康评价尤为重要。

3.3.3 维持经济可持续发展的需要

抚仙湖是珠江源头第一大湖，占全国淡水湖泊水资源的9.16%，其水质好坏直接影响整个珠江水系，关乎珠江流域的生态环境及可持续发展，是玉溪市210万人民的直接饮用水来源，是滇中地区昆明、楚雄等7个市（州），49个县（市、区），1792万人民最重

要的后备水资源之一。然而面对目前存在的各种环境压力，抚仙湖水质下降及生态系统变迁将严重影响流域经济的持续发展，因此对抚仙湖的保护更显突出。星云湖是江川县人民的"母亲湖"，具有蓄水、排涝、灌溉等功能，自 20 世纪 70 年代以来受到严重污染，目前水质已沦为 V 类甚至劣 V 类，如何遏制星云湖水污染趋势和恢复其生态功能成为了流域水资源保护工作的重要一环。阳宗海自 80 年代起，营养水平逐渐上升，已由贫营养状态演变为中营养状态；2008 年的砷污染事件更是引起公众对阳宗海保护问题的高度关注。而其余两个高原湖泊杞麓湖、异龙湖现状为富营养化状态，湖泊水生态健康问题已成为影响流域范围社会经济发展的重大阻碍。

第4章

高原湖泊水生态监测方案

通过对 5 个高原湖泊开展水生态监测，了解各湖水生态所处的状态，以此为湖泊水生态健康评估提供科学的数据。

4.1 监测站点布设

高原湖泊水生态监测站点布设见表 4-1。

表 4-1 高原湖泊水生态监测站点布设

序号	湖泊名称	监测站点	站 点 地 址
1	抚仙湖	新河口	玉溪市澄江县右所镇新河口
2		澄江湖心	玉溪市澄江县龙街镇禄充
3		禄充	玉溪市澄江县龙街镇禄充村
4		海口	玉溪市澄江县海口镇
5		海关湖心	玉溪市华宁县青龙镇海关
6		孤山湖心	玉溪市江川县江城镇孤山
7		隔河	玉溪市江川县江城镇隔河村
8	星云湖	海门桥	玉溪市江川县江城海门桥村
9		星云湖心	玉溪市江川县江城镇星云湖心
10		星云湖出流改道工程进水口	玉溪市江川县大街镇
11	阳宗海	阳宗大河入湖口	玉溪市澄江县阳宗镇阳宗大河入湖口
12		阳宗海中	阳宗海湖区
13		摆夷河引水渠	昆明市宜良县汤池镇摆夷河引水渠
14		汤池	昆明市宜良县汤池镇
15	杞麓湖	红旗河	通海县四街镇中河杞麓湖入湖口
16		杞麓湖心	通海县秀山镇杞麓湖心
17		湖管站	通海县杨广镇湖管站
18		落水洞	通海县秀山镇落水洞

序号	湖泊名称	监测站点	站 点 地 址
19		大瑞城	大瑞城村
20	异龙湖	异龙湖湖心	石屏县异龙镇仁寿村
21		异龙湖湖西北	大瑞城村
22		坝心	石屏县坝心镇

4.2 水质监测方法

各监测项目及检测方法见表4-2。

表4-2   各监测项目及检测方法

监测内容	参数名称	检 测 标 准
常规理化监测	pH值	GB/T 6920—1986 水质 pH值的测定 玻璃电极法
	溶解氧	GB/T 7489—1987 水质 溶解氧的测定 碘量法
	五日生化需氧量	GB/T 7488—1987 水质 五日生化需氧量（BOD_5）的测定 稀释与接种法
	高锰酸盐指数	GB/T 11892—1989 水质 高锰酸盐指数的测定
	氨氮	GB/T 7479—1987 水质 铵的测定 纳氏试剂比色法
	硝酸盐氮	SL 84—1994 硝酸盐氮的测定（紫外分光光度法）
	亚硝酸盐氮	GB/T 7493—1987 水质 亚硝酸盐氮的测定 分光光度法
	总氮	GB/T 11894—1989 水质 总氮的测定 碱性过硫酸钾消解紫外分光光度法
	总磷	GB/T 11893—1989 水质 总磷的测定 钼酸铵分光光度法
	可溶性磷酸盐	HJ 670—2013 水质 磷酸盐和总磷的测定 连续流动-钼酸铵分光光度法 HJ 671—2013 水质 总磷的测定 流动注射-钼酸铵分光光度法
	铅	SL 394—2007 铅、镉、钒、磷等34种元素的测定
	镉	SL 394—2007 铅、镉、钒、磷等34种元素的测定
	六价铬	GB/T 7467—1987 水质 六价铬的测定 二苯碳酰二肼分光光度法
	砷	SL 394—2007 铅、镉、钒、磷等34种元素的测定
	汞	SL 327.2—2005 水质 汞的测定 原子荧光光度法
	硒	SL 394—2007 铅、镉、钒、磷等34种元素的测定
	锌	GB/T 7475—1987 水质 铜、锌、铅、镉的测定 原子吸收分光光度法
	铜	GB/T 7475—1987 水质 铜、锌、铅、镉的测定 原子吸收分光光度法
	镉	GB/T 11911—1989 水质 铁、锰的测定 火焰原子吸收分光光度法
	铅	
	锌	
	铁	
	锰	

监测内容	参数名称	检 测 标 准
常规理化监测	钾	GB/T 11904—1989 水质 钾和钠的测定 火焰原子吸收分光光度法
	钠	
	钙	GB/T 7477—1987 水质 钙和镁总量的测定 EDTA滴定法
	镁	
	氰化物	GB/T 7486—1987 水质 氰化物的测定 第一部分：总氰化物的测定
	氟化物	HJ/T 84—2001 水质 无机阴离子的测定 离子色谱法
	氯化物	HJ/T 84—2001 水质 无机阴离子的测定 离子色谱法
	挥发酚	GB/T 7490—1987 水质 挥发酚的测定 蒸馏后4-氨基安替比林分光光度法
	石油类	HJ 970—2018 水质 石油类的测定 紫外分光光度法（试行）
	阴离子表面活性剂	GB/T 7494—1987 水质 阴离子表面活性剂的测定 亚甲蓝分光光度法
	硫化物	GB/T 16489—1996 水质 硫化物的测定 亚甲基蓝分光光度法
	硫酸盐	HJ/T 84—2001 水质 无机阴离子的测定 离子色谱法
	粪大肠菌群	SL 355—2006 水质 粪大肠菌群的测定——多管发酵法
	总有机碳	HJ 501—2009 水质 总有机碳的测定 燃烧氧化－非分散红外吸收法
	总碱度	酸碱指示剂滴定法 水和废水监测分析方法（第四版）
	重碳酸盐	
	碳酸盐	
	矿化度	SL 79—1994 矿化度的测定（重量法）
	汞	SL 394.2—2007 铅、镉、钒、磷等34种元素的测定——电感耦合等离子体质谱法
	铬	

4.3 水生生物监测方法

4.3.1 浮游生物

1. 浮游植物采集

浮游植物的采集包括定性采集和定量采集。定性采集采用25号筛绢制成的浮游生物网在水中拖曳采集。定量采集则采用5000mL采水器取上、中、下层水样，经充分混合后，取1000mL水样（根据江水泥沙含量、浮游植物数量等实际情况决定取样量，并采用泥沙分离的方法），加入鲁哥氏液固定，经过48h静置沉淀，浓缩至约100mL，保存待检。以下为定量采集的详细介绍。

（1）采样层次。采样层次视水体深浅而定，水深在3m以内、水团混合良好的水体，可只采表层（0.5m）水样；水深3～10m的水体，应至少分别取表层（0.5m）和底层（离底0.5m）两个水样；水深大于10m，更应增加层次，可隔2～5m或更大距离采样1个。为了减少工作量，也可采取分层采样，各层等量混合成1个水样的方法。

（2）水样固定。计数用水样应立即用 10mL 鲁哥氏液加以固定（固定剂量为水样的1％）。需长期保存的样品，再在水样中加入 5mL 左右福尔马林液。在定量采集后，同时用 25 号筛绢制成的浮游生物网进行定性采集，专门供观察鉴定种类用。采样时间应尽量在一天的相近时间，例如在上午的 8—10 时。

（3）沉淀和浓缩。沉淀和浓缩需要在筒形分液漏斗中进行，但在野外一般采用分级沉淀方法。根据理论推算最微小的浮游植物的下沉速度约为 0.3cm/h，故如分液漏斗中水柱高度为 20cm，则需沉淀 60h。但一般浮游藻类小于 50μm，在经过碘液固定后，下沉较快，所以静置沉淀时间一般为 48h。有时在野外条件下，为节省时间，也可采取分级沉淀方法，即先在直径较大的容器（如 1L 水样瓶）中经 24h 的静置沉淀，然后用细小玻管（直径小于 2mm）借助虹吸方法缓慢地吸去 1/5～2/5 的上层的清液，注意不能搅动或吸出浮在表面和沉淀的藻类（虹吸管在水中的一端可用 25 号筛绢封盖）、静置沉淀 24h 后，吸去部分上清液。如此重复，使水样浓缩到 100mL 左右。然后仔细保存，以便带回室内做进一步处理。并在样品瓶上写明采样日期、采样点、采水量等。

2. 浮游动物采集

用采水器在水面以下每隔 1m 采 5L 混合水样，根据湖泊的泥沙含量、浮游动物数量等实际情况决定取样量，一般取样量为 20～50L，现场采用 25 号筛绢制成的浮游生物网过滤，将样品装入 200mL 透明样品瓶中，以无水乙醇或者 1％甲醛固定。

3. 浮游生物样品观察及数据处理

室内先将样品浓缩、定量至约 100mL，摇匀后吸取 10mL 样品置于沉降杯内，浮游植物在显微镜下按视野法计数、浮游动物则全片计数，每个样品计数 2 次，取其平均值，每次计数结果与平均值之差应在 15％以内，否则增加计数次数。

每升水样中浮游植物数量的计算公式如下：

$$N = \frac{C_s}{F_s \times F_n} \times \frac{V}{v} \times P_n \tag{4-1}$$

式中　N——1L 水中浮游植物的密度，cells/L；

　　　C_s——沉降杯的面积，mm²；

　　　F_s——视野面积，mm²；

　　　F_n——每片计数过的视野数；

　　　V——1L 水样经浓缩后的体积，mL；

　　　v——沉降杯的容积，mL；

　　　P_n——计数所得细胞数，cell。

每升水样中浮游动物数量的计算公式如下：

$$A = \frac{V_c}{V_s \times V_m} \times D \tag{4-2}$$

式中　A——1L 水中浮游动物的丰度，ind. /L；

　　　V_c——水样浓缩后的体积，mL；

　　　V_s——采样体积，L；

V_m——镜检体积，mL；

D——计数所得个体数，ind. 。

4.3.2　底栖动物

1. 样品采集

底栖动物分三大类：水生昆虫、寡毛类、软体动物。依据断面长度布设采样点，用彼德逊底泥采集器采集定量样品，每个采样点采泥样2～3个。软体动物定性样品用D形踢网（kick-net）进行采集，水生昆虫、寡毛类定性样品采集同定量样品。砾石底质无法用采泥器挖取的，捞取砾石用60目筛绢网筛洗或直接翻起石块在水流下方用筛绢网捞取。

2. 样品处理和保存

（1）洗涤和分拣：泥样倒入塑料盆中，对底泥中的砾石，要仔细刷下附着底栖动物，经40目分样筛筛选后拣出大型动物，剩余杂物全部装入塑料袋中，加少许清水带回室内，在白色解剖盘中用细吸管、尖嘴镊、解剖针分拣。

（2）保存：软体动物用5％甲醛或75％乙醇溶液；水生昆虫用5％甲醛固定数小时后再用75％乙醇保存；寡毛类先放入加清水的培养皿中，并缓缓滴数滴75％乙醇麻醉，待其身体完全舒展后再用5％甲醛固定，75％乙醇保存。

3. 计量和鉴定

（1）计量：按种类计数（损坏标本一般只统计头部），再换算成 ind. /m²。软体动物用电子秤称重，水生昆虫和寡毛类用扭力天平称重，再换算成 g/m²。

（2）鉴定：软体动物鉴定到种，水生昆虫（除摇蚊幼虫）至少到科，寡毛类和摇蚊幼虫至少到属。

4.3.3　渔业资源调查

1. 鱼类种类组成

根据鱼类种类组成研究方法，在不同湖区设置站点，对调查范围内的鱼类资源进行全面调查。采取捕捞、市场调查和走访相结合的方法，采集鱼类标本、收集资料、做好记录，标本用福尔马林液固定保存。通过对标本的分类鉴定、资料的分析整理，编制出鱼类种类组成名录。

2. 鱼类资源现状

鱼类资源量的调查采取社会捕捞渔获物统计分析结合现场调查取样进行。采用访问调查和统计表调查方法，调查资源量和渔获量。向沿湖各市县渔业主管部门和渔政管理部门及渔民调查了解渔业资源现状以及鱼类资源管理中存在的问题。对渔获物资料进行整理分析，得出各工作站点主要捕捞对象及其在渔获物中所占比重，不同捕捞渔具渔获物的长度和重量组成，以判断鱼类资源状况。

3. 鱼类生物学

鱼类标本尽量现场鉴定，进行生物学基础数据测定，并取鳞片等作为鉴定年龄的材料。必要时检查性别，取性腺鉴别成熟度。部分标本用5％甲醛溶液固定保存。现场解剖获取食性和性腺样品，食性样品用甲醛溶液固定，性腺样品用波恩氏液固定。

4.3.4 水生高等植物

1. 定性样品的采集与鉴定

根据调查水体的形态、水文情况和植物的分布等选择有代表性的采样样方。定性样品在库区按照水生植物的分布区域，随机采集各种类的水生植物植株，进而确定区域内主要分布的水生植物物种。将采集的大型水生植物种类，带回实验室进行分类鉴定，鉴定到种或亚种。生长在水中的禾本科、香蒲科、莎草科、蓼科等挺水植物可直接用手采集；浮叶植物可用耙子连根拔起，选择带有浮叶、花和果实的植物体作为标本。漂浮植物可直接用带柄的手网采集。沉水植物可用耙子或拖钩采集。将新采到的不同种类标本，经鉴定后保存。

2. 定量样品的采集和生物量测定

首先选择具有代表性的样方（水生植物的密集区、一般区、稀疏区应都有代表性样方），拍摄群落全貌照片，并尽量拍样方垂直投影照片。入库河流中考虑到水流对水生植物的冲刷造成倒伏，以植株根（茎）部确定采样面积。将选取的样方用样方框围好，把一定面积样方中的全部植物从基部割断，分种类称重。沉水植物、挺水植物、浮叶植物、漂浮植物的定量用水草定量夹采集。将采集的样方（$1m^2$ 或 $0.25m^2$）内的全部植物连根拔起，将网内植物洗净，装入已编号的样品袋内，带回实验室。在室内取出袋内植物，去除根、枯枝、败叶和其他杂质，去除植物体多余的水分，鉴定种类，分种称重，最后换算出每平方米内各种大型水生植物的鲜重（湿重）。考虑到某些水生植物物种单株面积较大，有时 $1m^2$ 内往往仅有 1 个物种，因此建议每个监测断面设置的重复样数量不少于 3 个。

第 5 章

高原湖泊水生态监测结果

5.1 抚仙湖

5.1.1 水质监测结果

5.1.1.1 不同季节水质监测结果

1. 2012 年冬季水质监测结果

从监测结果（见表 5-1）评价得出，抚仙湖 7 个站点中，仅有孤山湖心水质为 I 类，其余站点水质均为 II 类；未达到抚仙湖水功能区 I 类水质目标的项目包括溶解氧和总氮。富营养化评价除孤山湖心、海关湖心为贫营养外，其他站点均为中营养。

2. 2012 年夏季水质监测结果

从监测结果（见表 5-2）评价得出，抚仙湖 7 个站点中，海口、新河口两个站点水质类别为 II 类，其他站点为 I 类；富营养化评价显示各站点均为贫营养状态。

3. 2012 年秋季水质监测结果

从监测结果（见表 5-3）评价得出，抚仙湖 7 个站点中，禄充、新河口两个站点水质类别为 II 类，其他站点均为 I 类；富营养化评价结果显示，各站点均为贫营养状态。

5.1.1.2 不同年份水质监测结果

从多年的监测结果可以看到，抚仙湖各监测点的水质基本保持在 I ～ II 类，其中超过 I 类水标准的主要为总氮和总磷（见图 5-1、图 5-2）。

从物化因子的监测结果可以看到，抚仙湖各类污染因子主要表现出以下规律：

（1）污染物总体水平都较低，未表现明显的变化趋势。

（2）近岸监测点的营养盐普遍高于湖心监测点。

5.1.2 水生生物监测结果

5.1.2.1 不同季节水生生物监测结果

1. 2012 年冬季水生生物监测结果

（1）浮游植物。

a. 抚仙湖浮游植物种类组成及密度。抚仙湖 7 个站点共检出浮游植物 6 门 31 种。其

表 5-1

抚仙湖冬季水质监测结果

湖泊	监测点名称	采样时间（月-日 时间）	气温/℃	水温/℃	风速/(m/s)	风向	气压/kPa	pH值	溶解氧	高锰酸盐指数	五日生化需氧量	氨氮	硝酸盐氮	亚硝酸盐氮	总氮	总磷	溶解性正磷酸盐	叶绿素a	透明度/m	评分指数
														mg/L						
抚仙湖	海口	1-8 10:30	12.0	14.0	—	—	82.3	8.22	6.8	1.5	<	<	0.03	<	0.397	<	<	0.0012	11	22.6
	新河口	1-8 11:35	10.0	14.0	—	—	82.3	8.69	7.0	1.5	0.5	<	0.03	<	0.437	<	<	0.001	6	24.0
	禄充	1-7 14:05	19.0	14.2	6	235°SW	82.3	8.44	6.5	1.6	0.5	<	0.03	<	0.278	<	<	0.0006	8	20.2
	孤山湖心	1-7 12:40	19.0	14.5	6.2	310°NW	82.3	8.5	8.6	1.5	<	<	0.02	<	0.179	<	<	0.0004	12	17.8
	隔河	1-7 10:51	16.2	14.1	2.7	300°WNW	82.3	8.53	7.3	1.5	0.8	<	0.04	<	0.268	<	<	0.0004	—	20.4
	澄江湖心	1-8 09:45	10.5	14.5	—	—	82.3	8.58	6.9	1.5	0.5	<	0.04	<	0.169	<	<	0.0025	12	22.6
	海关湖心	1-7 11:30	16.5	14.2	5.1	217°WN	82.3	8.26	6.3	1.5	0.6	<	0.04	<	0.189	<	<	0.0009	12	19.9

表 5-2

抚仙湖夏季水质监测结果

湖泊	监测点名称	采样时间（月-日 时间）	气温/℃	水温/℃	风速/(m/s)	风向	气压/kPa	pH值	溶解氧	高锰酸盐指数	五日生化需氧量	氨氮	硝酸盐氮	亚硝酸盐氮	总氮	总磷	叶绿素a	透明度/m	评分指数
														mg/L					
抚仙湖	海口	6-5 11:50	24.2	21.6	0.5	027°NNE	82.3	8.42	9.7	0.7	1.1	0.085	0.04	<	0.286	<	0.0007	—	19.6
	新河口	6-5 11:15	25.7	21.6	2.6	255°WNW	82.3	8.56	9.3	0.8	0.7	0.102	<	<	0.306	0.022	0.0005	—	28.7
	禄充	6-5 10:22	23.1	21.4	4.2	312°WNW	82.3	8.61	9.1	0.9	0.7	0.091	<	<	0.166	<	0.0007	—	18.9
	澄江湖心	6-5 10:44	24.6	21.4	0.9	339°NNW	82.3	8.64	9.1	0.7	0.9	0.067	<	<	0.186	<	0.0005	12.1	16.3
	海关湖心	6-5 12:19	25.2	21.4	0.5	349°N	82.3	8.64	9.2	0.8	0.9	0.07	<	<	0.156	<	0.0006	12	16.7
	孤山湖心	6-5 12:46	27.3	21.4	2.3	012°NNE	82.3	8.66	9.3	0.7	0.8	0.067	<	<	0.136	<	0.0003	11.8	14.9
	隔河	6-5 14:51	30.5	22.8	0.7	018°NNE	82.3	8.72	11.6	1.1	2.7	0.073	<	<	0.156	<	—	—	17.5

表 5-3

抚仙湖秋季水质监测结果

湖泊	监测点名称	采样时间（月-日 时间）	水温/℃	气压/kPa	pH值	溶解氧	高锰酸盐指数	五日生化需氧量	氨氮	硝酸盐氮	亚硝酸盐氮	总氮	总磷	叶绿素a	透明度/m	评分指数
												mg/L				
抚仙湖	海口	10-23 13:38	20.7	82.3	8.88	7.5	1.6	1.3	0.062	<	<	0.187	<	0.0005	—	20.1
	新河口	10-23 15:37	20.8	82.3	8.89	9.4	1.4	1.0	0.025	0.02	<	0.207	<	0.001	—	22.3
	禄充	10-23 17:03	20.7	82.3	8.9	9.2	1.5	0.5	0.037	<	<	0.246	<	0.0007	—	21.6
	澄江湖心	10-23 14:48	20.6	82.3	8.85	9	1.4	0.7	0.037	0.02	<	0.167	<	0.0005	8.1	18.2
	海关湖心	10-23 13:08	20.7	82.3	8.89	9.1	1.5	0.6	0.042	<	<	0.117	<	0.0005	7.6	18.1
	孤山湖心	10-23 15:12	20.8	82.3	8.74	9	1.4	0.6	0.048	<	<	0.137	<	0.0008	8.3	19.1
	隔河	10-23 15:12	21	82.3	9.11	8.7	1.5	1.1	0.037	0.02	<	0.177	<	0.0011	—	24.2

注　表 5-1、表 5-2、表 5-3 中"＜"表示该指标值小于检出值。

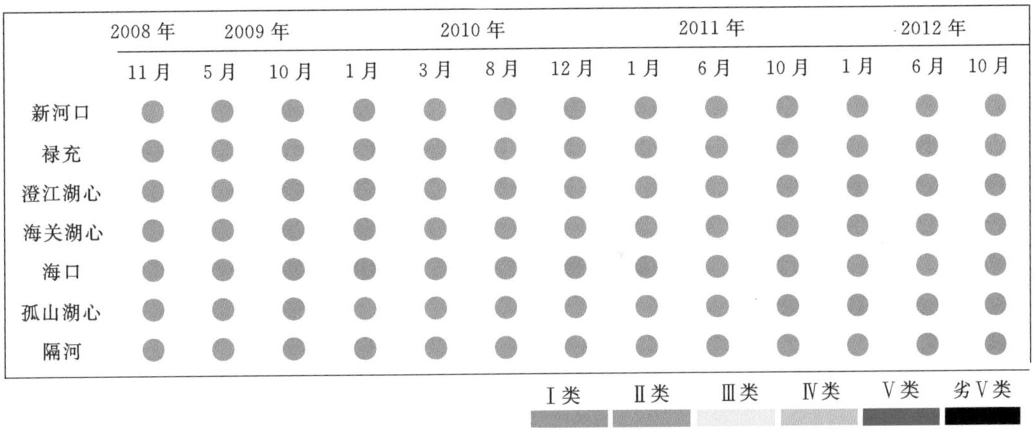

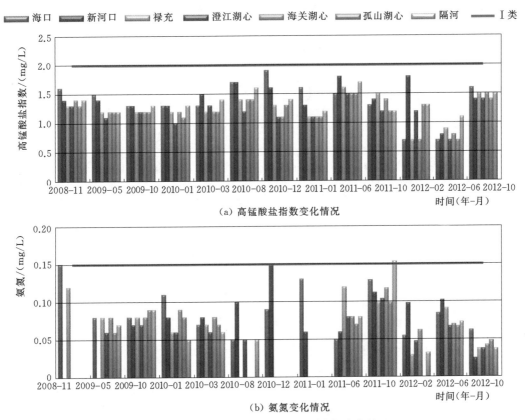

图 5-1　抚仙湖水质等级变化情况

中绿藻门 18 种，硅藻门 7 种，蓝藻门 3 种，隐藻门 1 种，甲藻门 1 种，金藻门 1 种（见图 5-3）。各站点的浮游植物结构主要为绿藻-蓝藻，平均丰度为 1.93×10^5 cells/L。绿藻门的转板藻是抚仙湖中的优势种类。

抚仙湖各监测站点的浮游植物种数见表 5-4。

图 5-2（一）　抚仙湖部分理化监测指标变化情况

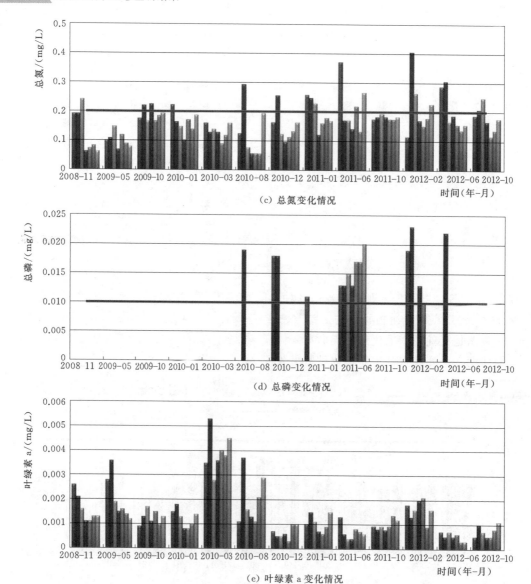

图 5-2（二） 抚仙湖部分理化监测指标变化情况

表 5-4   抚仙湖各监测站点浮游植物种数

门类	新河口	海关湖心	澄江湖心	禄充	海口	隔河	孤山湖心
蓝藻门	1	1	0	1	3	1	0
隐藻门	1	0	0	0	0	1	0
绿藻门	9	9	13	10	11	11	10
硅藻门	2	0	1	1	3	5	2
金藻门	0	0	1	0	0	1	0
甲藻门	1	1	1	0	1	0	1
总计	14	11	16	12	18	19	13

抚仙湖各站点浮游藻类丰度见表 5-5、图 5-4。可以看到，抚仙湖中湖心站点的浮游植物丰度较低，而近岸点较高，而且绿藻门在各站点中优势明显。

b. 抚仙湖浮游植物多样性指数和均匀度指数。抚仙湖大部分站点的浮游植物多样性指数和均匀度指数均处于中等水平（见表 5-6），其中湖心监测站点相对较低。由此判断抚仙湖大部分站点都处于轻污染状态。

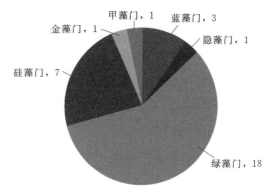

图 5-3 抚仙湖各门藻类种数示意图

表 5-5 　　　　　抚仙湖各站点浮游藻类丰度 　　　　　单位：10^5 cells/L

门类	新河口	海关湖心	澄江湖心	禄充	海口	隔河	孤山湖心
蓝藻门	0.10	0.01	0.00	0.12	0.46	0.03	0.00
隐藻门	0.05	0.00	0.00	0.00	0.00	0.03	0.00
绿藻门	2.05	1.28	1.98	1.86	1.22	2.09	1.40
硅藻门	0.10	0.00	0.01	0.06	0.08	0.32	0.13
金藻门	0.00	0.00	0.01	0.00	0.00	0.03	0.00
甲藻门	0.05	0.01	0.05	0.00	0.03	0.00	0.04
总计	2.35	1.30	2.05	2.04	1.79	2.50	1.57

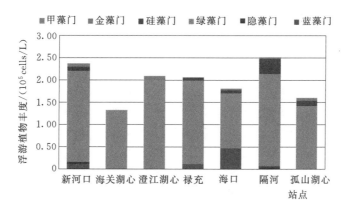

图 5-4 抚仙湖各站点浮游藻类丰度

表 5-6 　　　　　抚仙湖各站点浮游植物多样性指数和均匀度指数

项　目	新河口	海关湖心	澄江湖心	禄充	海口	隔河	孤山湖心
香农多样性指数	2.60	1.51	2.30	2.63	3.40	2.72	2.96
均匀度指数	0.68	0.44	0.58	0.73	0.82	0.64	0.80

c. 小结。抚仙湖浮游植物群落结构为绿藻-蓝藻型，主要以广营养和贫营养到中营养的种类为优势种类。各站点的浮游藻类平均丰度为 1.95×10^5 cells/L。从浮游植物丰度和

各项生物指数判断，抚仙湖水生态环境较好，大部分站点处于轻污染状态。

（2）浮游动物。抚仙湖共检出浮游动物 13 种，其中原生动物 7 种，轮虫 4 种，枝角类 1 种，桡足类 1 种。浮游动物平均丰度为 119ind./L。

抚仙湖各站点浮游动物种类数见表 5-7，各站点浮游动物丰度见表 5-8、图 5-5。

表 5-7　　　　　　　　　　　　　抚仙湖各站点浮游动物种类数

浮游动物	新河口	海关湖心	澄江湖心	禄充	海口	隔河	孤山湖心
原生动物	2	2	1	3	3	1	1
轮虫	3	0	1	0	2	1	1
枝角类	0	1	1	0	0	1	1
桡足类	1	0	0	0	0	1	0
合计	6	3	3	3	5	4	3

表 5-8　　　　　　　　　　　　抚仙湖各站点浮游动物丰度　　　　　　　　　单位：ind./L

浮游动物	新河口	海关湖心	澄江湖心	禄充	海口	隔河	孤山湖心
原生动物	50	27	75	60	51	39	85
轮虫	50	0	15	0	85	39	43
枝角类	0	13	15	0	0	19	14
桡足类	33	27	15	0	17	58	0
合计	133	67	120	60	153	155	142

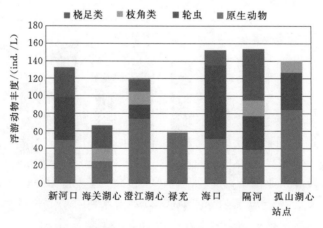

图 5-5　抚仙湖各站点浮游动物丰度　单位：ind./L

（3）底栖动物。抚仙湖共检出底栖动物 14 种：甲壳纲 2 种，腹足纲 8 种，双壳纲 1 种，蛭纲 1 种，水生昆虫纲 2 种，其他情况详见表 5-9。各站点底栖动物生物量见图 5-6。

抚仙湖的底栖动物以钩虾为优势种类。抚仙湖底栖动物主要为腹足纲和甲壳纲，水生昆虫较少。这因为湖岸滩陡峭，基质主要以卵石为主，缺少大型水生植物。

表 5-9 抚仙湖底栖动物种类组成

种类		大沙咀		隔河		禄充		新河口	
		密度 /(ind./m²)	生物量 /(g/m²)	密度 /(ind./m²)	生物量 /(g/m²)	密度 /(ind./m²)	生物量 /(g/m²)	密度 /(ind./m²)	生物量 /(g/m²)
甲壳纲	钩虾属	587	4.458	3	0.015	370	0.814	1273	14.288
	米虾属	27	1.908	3	0.494				
腹足纲	囊螺属	17	0.150						
	椭圆萝卜螺	27	0.832						
	旋螺属	33	0.191						
	放逸短沟蜷	20	0.239						
	铜锈环棱螺	37	3.724					7	9.224
	长角涵螺	233	7.546						
	涵螺属					10	0.089	10	0.490
	纹沼螺			3	0.194				
双壳纲	湖球蚬属	7	0.408					7	8.668
蛭纲	舌蛭属	13	0.277						
水生昆虫纲	摇蚊亚科	90	0.107						
	直突摇蚊亚科			10	0.012	63	0.070		
合计		1090	19.840	20	0.715	443	0.973	1297	32.671

（4）生物评价结果。从各项生物评价指标来看，抚仙湖各站点的水生态质量为贫营养—中营养状态，见表 5-10。

2. 2012 年夏季水生生物监测结果

（1）浮游植物。抚仙湖 7 个站点共检出浮游植物 6 门 40 种。其中绿藻门 23 种，硅藻门 10 种，蓝藻门 3 种，隐藻门 1 种，甲藻门 2 种，金藻门 1 种（见图 5-7）。各站点的浮游植物结构主要为蓝藻-金藻-绿藻型，平均丰度为 3.01×10^5 cells/L。金藻门的锥囊藻和蓝藻门的隐球藻、小型色球藻是抚仙湖中的优势种类。

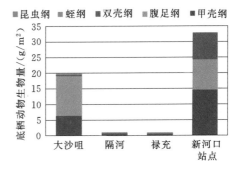

图 5-6 抚仙湖各站点底栖动物生物量

表 5-10 利用浮游植物对抚仙湖进行水质评价结果

项目	新河口	海关湖心	澄江湖心	禄充	海口	隔河	孤山湖心
香农多样性指数	轻污染	中污染	轻污染	轻污染	轻污染	轻污染	轻污染
均匀度指数	轻污染	中污染	轻污染	轻污染	轻污染	轻污染	轻污染
浮游植物丰度	贫营养	贫营养	贫营养	贫营养	贫营养	贫营养	贫营养

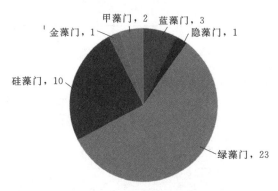

甲藻门，2　蓝藻门，3
金藻门，1　　　　　　隐藻门，1
硅藻门，10
绿藻门，23

图 5-7　抚仙湖各门藻类种数示意图

抚仙湖各站点的浮游植物种数见表 5-11。

以上可以看出，抚仙湖中湖心站点的浮游植物丰度较低，而近岸点较高；而且蓝藻门在各站点中优势较大，其次为金藻门、绿藻门。

抚仙湖浮游植物群落结构为蓝藻-金藻-绿藻型，主要以广营养和贫营养到中营养的种类为优势种类。各站点的浮游藻类平均丰度为 3.01×10^5 cells/L。从浮游植物丰度和各项生物指数判断，抚仙湖水生态环境处于贫营养状态。

表 5-11　　　　　　　　　　抚仙湖各站点浮游植物种数

门类	新河口	海关湖心	澄江湖心	禄充	海口	隔河	孤山湖心
蓝藻门	2	2	1	2	1	2	3
隐藻门	1	0	0	0	1	0	0
绿藻门	6	12	10	8	8	10	8
硅藻门	3	4	2	3	1	6	2
金藻门	1	1	1	1	1	1	1
甲藻门	2	2	1	2	2	2	2
总计	15	21	15	16	14	21	16

抚仙湖各站点浮游藻类丰度见表 5-12、图 5-8。

表 5-12　　　　　　　　抚仙湖各站点浮游藻类丰度　　　　　　　单位：10^5 cells/L

门类	新河口	海关湖心	澄江湖心	禄充	海口	隔河	孤山湖心
蓝藻门	3.00	0.54	0.58	2.66	0.49	1.20	1.72
隐藻门	0.00	0.00	0.00	0.00	0.00	0.00	0.00
绿藻门	0.37	0.36	0.34	0.60	0.89	1.55	0.32
硅藻门	0.13	0.09	0.15	0.10	0.03	0.12	0.01
金藻门	0.63	0.69	0.95	1.10	0.95	0.38	0.87
甲藻门	0.02	0.04	0.00	0.08	0.07	0.02	0.04
总计	4.15	1.72	2.03	4.54	2.44	3.27	2.95

（2）浮游动物。抚仙湖共检出后生浮游动物 6 种，其中轮虫类 2 种，枝角类 1 种，桡足类 3 种。浮游动物平均丰度为 12ind./L。抚仙湖由于营养水平较低，后生浮游动物数量较少，主要以枝角类为主。

抚仙湖各站点浮游动物种类数见表 5-13，各站点浮游动物丰度见表 5-14、图 5-9。

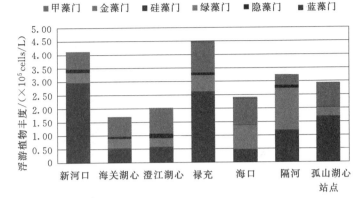

图 5-8 抚仙湖各站点的浮游藻类丰度

表 5-13   抚仙湖各站点浮游动物种类数

浮游动物	新河口	海关湖心	澄江湖心	禄充	海口	隔河	孤山湖心
轮虫	0	0	0	0	0	0	0
枝角类	0	0	1	0	0	1	1
桡足类	0	0	1	0	1	1	0
合计	0	0	2	0	1	2	1

表 5-14   抚仙湖各站点浮游动物丰度   单位：ind./L

浮游动物	新河口	海关湖心	澄江湖心	禄充	海口	隔河	孤山湖心
轮虫	0	0	4	0	0	4	4
枝角类	0	0	8	0	10	49	0
桡足类	0	0	0	0	0	4	4
合计	0	0	12	0	10	57	8

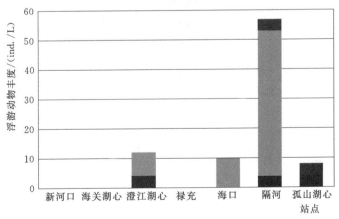

图 5-9 抚仙湖各站点浮游动物丰度

（3）生物评价结果。从图 5-10 可以看到，抚仙湖各站点的浮游植物多样性为 2.0～3.0，均匀度大于 0.5；且各站点的浮游植物丰度小于 $5 \times 10^5 \, \text{cells/L}$，由此判断抚仙湖水生态状况处于贫营养状态。

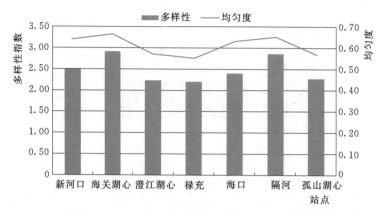

图 5-10　抚仙湖各站点多样性指数和均匀度指数

3. 2012 年秋季水生生物监测结果

（1）浮游植物。抚仙湖 7 个站点共检出浮游植物 6 门 61 种。其中绿藻门 33 种，硅藻门 14 种，蓝藻门 9 种，裸藻门 1 种，甲藻门 3 种，金藻门 1 种（见图 5-11）。各站点的浮游植物结构主要为绿藻-硅藻，平均丰度为 $4.48 \times 10^5 \, \text{cells/L}$。绿藻门的厚顶栅藻、韦丝藻、浮球藻是抚仙湖中的优势种类。

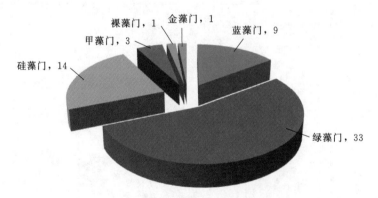

图 5-11　抚仙湖各门藻类种数示意图

抚仙湖各站点的浮游植物种数见表 5-15。

表 5-15　　　　　　　　　　　抚仙湖各站点浮游植物种数

门类	新河口	海关湖心	澄江湖心	禄充	海口	隔河	孤山湖心
蓝藻门	1	0	3	5	1	4	2
绿藻门	12	15	17	15	15	20	15
硅藻门	4	9	6	9	8	7	7
甲藻门	2	1	2	3	3	1	1

续表

门类	新河口	海关湖心	澄江湖心	禄充	海口	隔河	孤山湖心
裸藻门	1	0	0	0	0	0	0
金藻门	1	1	1	1	1	1	1
总计	21	26	29	33	28	33	26

抚仙湖各站点浮游藻类丰度见表 5 - 16、图 5 - 12。

表 5 - 16　　　　　　　　抚仙湖各站点浮游藻类丰度　　　　　　　单位：10^5 cells/L

门类	新河口	海关湖心	澄江湖心	禄充	海口	隔河	孤山湖心
蓝藻门	0.09	0.00	0.87	0.98	0.09	0.98	0.15
绿藻门	3.08	2.11	4.97	1.13	2.76	4.41	2.42
硅藻门	1.15	1.87	0.57	0.89	0.71	0.79	0.57
甲藻门	0.03	0.01	0.05	0.04	0.07	0.02	0.01
裸藻门	0.03	0.00	0.00	0.00	0.00	0.00	0.00
金藻门	0.19	0.18	0.04	0.05	0.03	0.01	0.01
总计	4.57	4.17	6.50	3.09	3.66	6.21	3.16

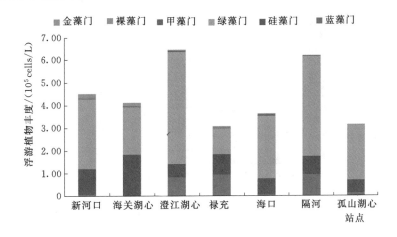

图 5 - 12　抚仙湖各站点浮游藻类丰度

从上述结果可以看到，抚仙湖中绿藻门浮游植物占有明显的优势，其次是硅藻门和蓝藻门。抚仙湖浮游植物群落结构为绿藻-硅藻/蓝藻型，主要以广营养和贫营养到中营养的种类为优势种类。各站点的浮游植物平均丰度为 4.48×10^5 cells/L。绿藻门的厚顶栅藻、韦丝藻、浮球藻是抚仙湖中的优势种类。

（2）浮游动物。抚仙湖共检出浮游动物 15 种，其中原生动物 1 种，轮虫 10 种，枝角类 1 种，桡足类 3 种。浮游动物平均丰度为 166.9ind. /L。

抚仙湖各站点种类数见表 5 - 17，各站点浮游动物丰度见表 5 - 18、图 5 - 13。

表 5 - 17 抚仙湖各站点浮游动物种类数

浮游动物	新河口	海关湖心	澄江湖心	禄充	海口	隔河	孤山湖心
原生动物	1	0	0	0	0	0	0
轮虫	7	3	6	5	3	3	5
枝角类	0	0	0	1	0	0	0
桡足类	3	1	2	2	1	1	1
总计	11	4	8	8	4	4	6

表 5 - 18 抚仙湖各站点浮游动物丰度 单位：ind./L

浮游动物	新河口	海关湖心	澄江湖心	禄充	海口	隔河	孤山湖心
原生动物	8	0	0	0	0	0	0
轮虫	284	70	198	178	105	131	122
枝角类	0	0	0	2	0	0	0
桡足类	14	3	16	19	3	10	5
合计	306	73	214	199	108	141	127

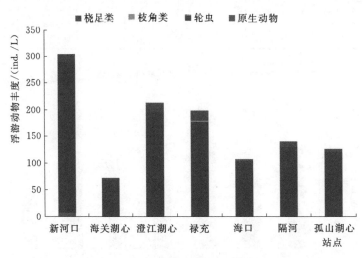

图 5 - 13 抚仙湖各站点浮游动物丰度

（3）底栖动物。从环湖的 9 个监测站点可以看到，腹足纲底栖动物在湖滨带分布较广，其中较优势的种类包括拟沼螺、河蚬等；而水生昆虫在全湖较少分布，这与抚仙湖湖滨带植被分布较少和处于贫营养状态有关，具体结果见表 5 - 19、图 5 - 14 和图 5 - 15。

表 5 - 19 抚仙湖底栖动物种类组成

中文名称	拉丁文名称	监测站点								
		禄充	矣马谷村	东大河	隔河村	小马沟	清鱼汪	狗爬坎	小村	海口
水丝蚓	*Lodrilus* sp.	+				+				
颤蚓	*Tubifex* sp.					+		+		+
石蛭属一种	*Herpobdella* sp.	+				+	+			

中文名称	拉丁文名称	监测站点								
		禄充	矣马谷村	东大河	隔河村	小马沟	清鱼汪	狗爬坎	小村	海口
拟沼螺	*Assiminea* sp.	+	+	+	+	+	+	+	+	+
椭圆萝卜螺	*Radix swinhoei*		+		+					+
折叠萝卜螺	*Radix plicatula*							+		
尖萝卜螺	*Radix acuminata*					+				
檞豆螺	*Bithynia miselia*		+							
梨形环棱螺	*Bellamya purificata*		+							
铜锈环棱螺	*Bellamya aeruginosa*				+		+		+	+
方格短沟蜷	*Semisulcospira cancellata*					+				
钉螺属一种	*Oncomelania* sp.					+	+		+	
河蚬	*Corbicula nitens*		+		+			+	+	+
长跗摇蚊属一种	*Clatanytarsus* sp.							+		
多足摇蚊属一种	*Polypedilum* sp.	+						+		
沼虾属一种	*Macrobrachium* sp.	+	+	+	+	+	+		+	+
异钩虾科一种	*Anisogammaridae* sp.	+	+	+	+	+		+	+	

注 表中"+"表示该种存在。

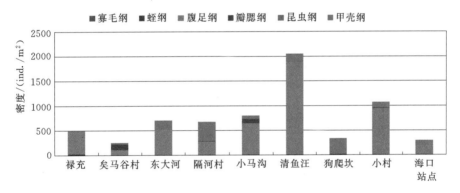

图 5-14 抚仙湖各站点底栖动物栖息密度

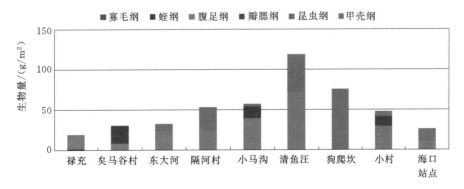

图 5-15 抚仙湖各站点底栖动物生物量

（4）生物评价结果。抚仙湖各站点以绿藻门种类为主，浮游植物多样性大于3，丰度小于 $10 \times 10^5 cells/L$；湖滨带底栖动物以拟沼螺、河蚬等软体动物为主；综上生物指标判断，抚仙湖水生态状况处于贫营养状态。

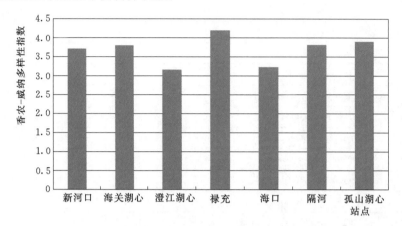

图 5-16　抚仙湖各站点浮游植物多样性指数

（5）鱼类残毒。根据 GB 4810—94《食品中砷限量卫生标准》、GB 18406.4 —2001《农产品安全质量 无公害水产品安全要求》对各湖泊的鱼类重金属含量进行评价，由表 5-20 结果可见，抚仙湖中 2 种鱼类均符合水产品安全要求。

表 5-20　　　　　　　　　　抚仙湖鱼类重金属含量　　　　　　　　　　单位：mg/kg

湖泊	安全标准	汞	砷	铬	镉	铅	锌
		0.3	0.5	2	0.1	0.5	—
抚仙湖	鲤鱼	<	<	0.58	<	0.05	6.3
	鲇鱼	0.098	0.010	0.65	<	0.06	6.1

注　"<"表示该指标值小于检出值。

5.1.2.2　不同年份水生生物监测结果

1. 浮游植物

（1）丰度及优势种类。抚仙湖的浮游植物丰度为 $(3.0 \sim 99.5) \times 10^5 cells/L$。从浮游植物丰度的变化趋势（见图 5-17）来看，抚仙湖各监测点的浮游植物丰度基本保持在 $10 \times 10^5 cells/L$ 的水平，这与以往的研究相符。

相关性分析显示，浮游植物丰度与水体理化因素有显著的相关性：与透明度呈负相关，与总磷、总氮、高锰酸盐指数等呈正相关。这是因为浮游植物要进行正常的生长和繁殖活动的前提是获得必需的营养和能量，外界输入的氮磷营养盐和有机物为水中浮游植物的生长提供了物质基础。

抚仙湖的浮游植物群落在近几年的监测结果中主要以绿藻门种类为优势，其次是硅藻门和蓝藻门。浮游植物多样性指数为 2.5~3.8，显示各监测点的浮游植物种类多样性较高。转板藻、小环藻、双对栅藻、角甲藻等种类是抚仙湖湖区内的优势种类，而优势种的更替有一定规律：在温度较低的月份，转板藻有较大的优势；而在温度较高的月份，双对

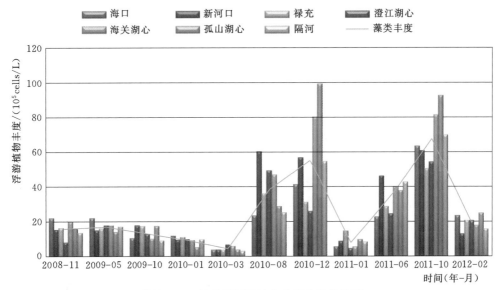

图 5-17　抚仙湖浮游植物丰度变化趋势图

栅藻、小球藻、角甲藻等成为优势。转板藻更适合在中营养型水体中生存；小环藻为贫营养-中营养水体的优势类群；而锥囊藻为贫营养水体的优势类群，这些优势种类从一定程度上指示了抚仙湖处于贫营养-中营养型过渡阶段的特点。

转板藻从 20 世纪 90 年代以来逐渐成为抚仙湖的优势种类，研究表明，转板藻细长的形状使其能充分利用水下可得的光线，以保证在低光强的条件下具有竞争优势。此外，转板藻具有较低的沉降率、不易被浮游动物捕食、在磷竞争方面占优势、倾向于在中营养型水体中生存等特征，这些相对于其他藻类来说，转板藻在抚仙湖这种深水湖泊中具有较强的竞争优势。同时也与抚仙湖中太湖新银鱼的引入有关：太湖新银鱼的引入改变了浮游甲壳类的群落变化，使得倾向于捕食小型藻类的浮游动物成为优势，从而促进了不可食的大型丝状藻类转板藻的发展。

浮游植物种类组成在各监测点中比较类似，但也存在一些区别：贫营养型的锥囊藻仅在南湖区的监测中出现，与湖心监测点相比，近岸点会出现一些污染指示种。

（2）浮游植物与环境因子的关系。使用 CANOCO 4.5 进行典范对应分析（CCA），分析浮游植物群落与环境因子之间的关系。选择方差膨胀因子（variance inflation factor）小于 20 的环境因子进入典范对应分析，并在 forward selection 中利用 Monte Carlo 分析检验各环境因子在解析浮游植物变化方差中的显著性（$p < 0.05$）。另外，偏典范对应分析（partial CCA）用作分析各环境因子对浮游植物变化方差的单独解析率。

从分析结果（见图 5-18）可以看到，影响抚仙湖浮游植物群落变化的最主要因素是水温，从监测结果来看，抚仙湖的浮游植物优势种类在不同的季节之间发生演替，在这其中水温是主导因素：在温度较低的月份，转板藻有较大的优势；而在温度较高的月份，双对栅藻、小球藻、角甲藻等成为优势。温度对浮游植物的影响主要通过影响其光合作用的活性来实现的，不同种类的浮游植物对最适温度有不同的要求，因此在温度变化的时候引起了浮游植物群落结构的变化。

2.浮游动物

抚仙湖的原生动物多以纤毛虫为主，后生动物中轮虫数量较少，浮游甲壳类以舌状叶镖水蚤、象鼻蚤等为主。总的来说，抚仙湖的浮游动物群落的种类和数量都较少，这主要是与抚仙湖食物网中的"上行—下行"效应有关：一方面，抚仙湖处于贫营养—中营养状态，浮游动物未能获得充足的营养来源发展成为较大的种群；另一方面，与抚仙湖的鱼类群落结构有关，太湖新银鱼的选择性摄食作用影响了抚仙湖的浮游甲壳动物的发展。

3.底栖动物

常规监测中，共设置了隔河、禄充、新河口等几个近岸监测点。从监测结果来看，钩虾、萝卜螺、拟沼螺、石蛭等为主要种类，其中钩虾、拟沼螺在密度组成上占有较大的优势。多年间各监测点的栖息密度和生物量差异性较大，栖息密度最高可达 15250 个/m^2，生物量 574g/m^2。

为了进一步了解抚仙湖底栖动物在湖滨带的分布情况，在 2011 年和 2012 年的 10 月进行了底栖动物的环湖调查，调查采样点分布如图 5-19 所示。

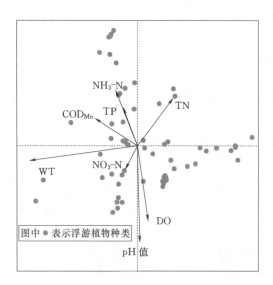

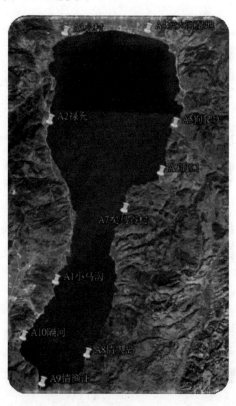

图 5-18 抚仙湖浮游植物群落与环境因子的典范对应分析

图 5-19 抚仙湖底栖动物环湖调查采样点分布图

注：NH₃-N—氨氮；CODMn—高锰酸盐指数；TP—总磷；
TN—总氮；NO₃-N—硝酸盐氮；WT—水温；DO—溶解氧

从两次的环湖调查可以发现，拟沼螺、萝卜螺等腹足纲种类在大部分站点中占有较大的优势，其次是钩虾等甲壳纲种类。总体来说，抚仙湖湖滨带底栖动物具有种类少、多样性低的特征（图 5-20、图 5-21）。

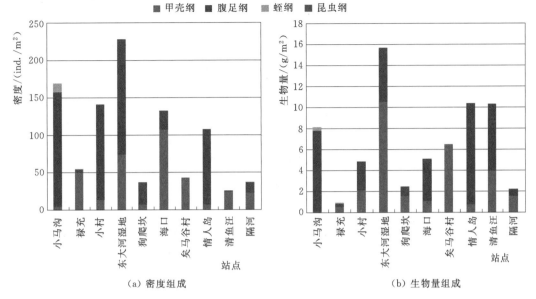

（a）密度组成　　　　　　　　　　（b）生物量组成

图 5-20　抚仙湖底栖动物密度与生物量组成（2011 年 10 月）

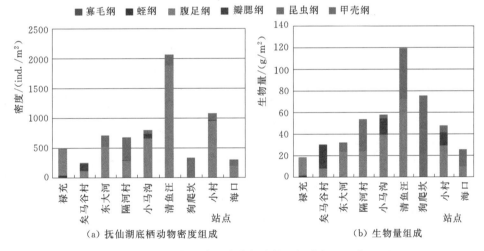

（a）抚仙湖底栖动物密度组成　　　　　　（b）生物量组成

图 5-21　抚仙湖底栖动物密度与生物量组成（2012 年 10 月）

　　造成抚仙湖底栖动物群落特征的原因主要有两方面：一是抚仙湖营养水平较低，处于较高营养等级的底栖动物未能发展出较多的种类；二是抚仙湖湖滨带较窄，水生植被分布较少，未能为底栖动物的生长和繁殖提供良好的栖息场所，因此如水生昆虫等偏好大型水生植被的种类未在环湖广泛分布。

　　4.鱼类资源

　　据近年来抚仙湖鱼类资源的调查分析发现，抚仙湖现有鱼类共 42 种，其中土著鱼类18 种，外来鱼类 24 种，其中包括鱇浪白鱼、抚仙金线鲃、抚仙高原鳅等抚仙湖中的特有鱼类（表 5-21、表 5-22）。详细鱼类名录见附录Ⅴ。

表 5-21　抚仙湖环湖湖底栖动物群落组成 (2011 年 10 月)

中文名称	拉丁名称	小马沟 密度	小马沟 生物量	禄充 密度	禄充 生物量	小村 密度	小村 生物量	东大河湿地 密度	东大河湿地 生物量	狗爬头 密度	狗爬头 生物量	海口 密度	海口 生物量	矣马谷村 密度	矣马谷村 生物量	情人岛 密度	情人岛 生物量	清鱼汪 密度	清鱼汪 生物量	隔河 密度	隔河 生物量
钩虾	*Gammaridae* sp.	4	0.122	48	0.196																
沼虾	*Macrobrachium* sp.			2	0.336	14	2.122	74	10.542	7	1.599	107	1.122	43	6.524			24	3.987	22	1.614
拟沼螺	*Assimineidae* sp.	117	5.612	4	0.31	121	2.412	143	2.496	27	0.711					97	6.667			13	0.491
扁蜷螺	*Planorbidae* sp.											1	0.008								
方格短沟蜷	*Semisulcospira cancellata*	24	0.366			6	0.099														
河蚬	*Corbicula fluminea*	13	1.683															2	6.345		
椭圆萝卜螺	*Radix swinhoei*					1	0.258	12	2.654	1	0.025	23	3.861			4	2.949			1	0.084
长角涵螺	*Alocinma longicornis*									1	0.113	2	0.138								
水蛭	*Hirudinea* sp.	12	0.362	1	0.117																
前突摇蚊	*Procladius* sp.									1	0.001										
鞘翅目	*Coleoptera* sp.																			1	0.028

注　密度单位为 ind./m², 生物量单位为 g/m²。

表5-22　抚仙湖环湖底栖动物群落组成（2012年10月）

中文名称	拉丁名称	禄充		矣马谷村		东大河		隔河村		小马沟		清鱼汪		狗爬坎		小村		海口	
		密度	生物量	密度	生物量	密度	生物量	密度	生物量	密度	生物量	密度	生物量	密度	生物量	密度	生物量	密度	生物量
霍甫水丝蚓	Lodrilus hoffmeisteri	3	0.003																
正颤蚓	Tubifex tubifex													3	0.003			7	0.007
石蛭属	Herpobdella sp.	37	1.603							3	0.063								
拟沼螺	Assiminea sp.	440	16.903	67	4.453	520	19.987	270	23.273	623	23.943	1870	71.830	10	0.337	890	20.650	170	5.870
河蚬	Corbicula nitens			120	21.470			10	0.007	83	14.910			3	0.007	13	11.910	3	0.053
椭圆萝卜螺	Radix swinhoei			27	1.643			13	1.217									3	0.057
折叠萝卜螺	Radix plicatula													3	0.007				
尖萝卜螺	Radix acuminata									3	0.077								
瓣豆螺	Bithynia miselia			17	1.563														
梨形环棱螺	Bellamya purificata			3	0.857														
铜锈环棱螺	Bellamya aeruginosa					3	3.547			10	14.943					7	8.530		
方格短沟蜷	Semisulcospira cancellata							3	0.053										
钉螺属	Oncomelania sp.									17	0.460	13	0.467			60	0.603		
长跗摇蚊属	Clatanytarsus sp.													10	0.007	13	0.007		
小云多足摇蚊	Polypedilum nubeculosum	3	0.003											3	0.003				
沼虾属	Macrobrachium sp.	3	0.240	7	0.307	133	8.197	373	29.283	57	3.483	180	47.360	287	75.427	47	6.430	113	16.227
异钩虾科	Anisogammaridae sp.	17	0.083	20	0.040	63	1.003	17	0.003	7	0.070			27	0.037	57	0.117		

注　密度单位为 ind./m²，生物量单位为 g/m²。

在种群数量上，外来种占有绝对性优势，其中太湖新银鱼的种群数量最大（一般占渔获物的 60% 以上），子陵吻鰕虎鱼的种群也维持在较高水平；而土著种仅具有极低的种群水平，其中抚仙高原鳅、抚仙鲇、抚仙金线鲃和云南倒刺鲃的种群较大。

总的来说，近年来抚仙湖鱼类资源所面临的问题是外来鱼类对土著鱼类的威胁，其规律表现如下。

（1）土著鱼类逐渐减少，外来鱼类逐渐增多。在物种数量上，抚仙湖土著鱼类种类数量自 20 世纪 80—90 年代的 25 种下降到 18 种，而外来鱼类种类数则逐渐增多。

在种群数量上，鱇浪白鱼原是抚仙湖的主要经济鱼类，在太湖新银鱼进入抚仙湖之前，年产量通常为 300～400t，约占总鱼产量的 70%～80%；即使在太湖新银鱼进入抚仙湖并形成产量的 1988 年，鱇浪白鱼的产量仍有 382t，占该湖当年鱼产量的 58.7%；在 20 世纪 90 年代初虽逐渐下降，但仍是抚仙湖的主要渔业对象之一。但在 2003 年，鱇浪白鱼的种群水平已经严重下降，其年产量已不能用吨来衡量。而太湖新银鱼在 20 世纪 90 年代初于抚仙湖当中的种群数量尽管较大，但也仅是抚仙湖主要渔业对象之一；但到了 2003 年，它已经成为抚仙湖中绝对性优势种。抚仙湖中鱇浪白鱼和太湖新银鱼的此消彼长是抚仙湖土著鱼类和外来鱼类在近年来的变动的缩影，反映了抚仙湖土著鱼类在种类和数量都低于外来鱼类。

（2）春夏产卵型较冬季产卵型土著鱼类的多样性丧失更严重。抚仙湖原有 25 种土著鱼类当中，除了鱇浪白鱼的繁殖周期明显较长（3—10 月）以外，其他土著鱼类繁殖周期较短，常集中在 5—7 月或 12 月至次年 3 月产卵，分别为春夏产卵型和冬季产卵型。抚仙湖原有属于冬季产卵型鱼类共有 4 种，分别是鳞胸裂腹鱼、抚仙金线鲃、抚仙高原鳅和花鲈鲤，其中除了鳞胸裂腹鱼由于人为影响造成灭绝以外，其他 3 种的种群都维持在一定规模。鳞胸裂腹鱼在 20 世纪 80 年代中期以前是抚仙湖的一种常见鱼类，它最独特的繁殖特性是：产卵场主要位于清水河；20 世纪 80 年代中期，抚仙湖的唯一出水口——清水河口筑建水闸，造成鳞胸裂腹鱼无法进行有效的繁殖，其种群水平锐减，在 20 世纪 90 年代初年产量仅在 20kg 以下。到了 21 世纪初，鳞胸裂腹鱼已经彻底灭绝。但是，在剩下的 20 种春夏产卵型土著鱼类当中，目前仅云南倒刺鲃、抚仙鲇和小鳔长身鳅尚维持在一定种群水平，其他的种群数量已严重下降，少数种类全年偶有采集，多数种类的标本难以采集。以上情况说明，抚仙湖原有土著鱼类当中，春夏产卵型鱼类相对冬季产卵型鱼类更容易濒危或者灭绝。

目前，抚仙湖中所有外来鱼类，尤其是种群数量较大的子陵吻鰕虎鱼、黄鱼幼、棒花鱼和麦穗鱼的产卵都是发生在 4—8 月，而太湖新银鱼的产卵季节甚至更长，但都不是冬季产卵型。由此，外来鱼类的到来造成抚仙湖土著鱼类多样性的丧失这种影响可能主要是发生在幼鱼阶段，即外来鱼类和土著鱼类产卵空间和时间的重叠，直接造成幼鱼在空间和时间上的重叠。根据幼鱼的适口饵料主要是浮游动物，那么土著鱼类和外来鱼类的幼鱼在食性上同样重叠。来自生物多样性高的生态系统的物种相对生物多样性低的系统的物种具有明显的生物学优势，因此，推测抚仙湖土著鱼类多样性的丧失，除了人为因素的影响以外，外来鱼类的影响是十分巨大的，并且这种影响主要发生在幼鱼阶段。

（3）肉食性土著鱼类在物种数量上没有减少，同时肉食性外来鱼类种数逐渐增加。凶猛鱼类少是云南鱼类区系的特点之一，抚仙湖原有 25 种土著鱼类中，仅抚仙鲇和花鲈鲤属肉食性鱼类。尽管近年来，抚仙湖土著鱼类多样性严重下降，但抚仙鲇和花鲈鲤的种群都维持在一定水平。同时，在抚仙湖原有 14 种外来鱼类当中，仅黄鱼幼、子陵吻鰕虎鱼和波氏吻鰕虎鱼属肉食性鱼类；抚仙湖中共增加 10 种外来鱼，其中的黄颡鱼、南方鲇和革胡子鲇属肉食性鱼类。黄颡鱼是抚仙湖中近几年来才出现的一种外来鱼，但其种群扩增迅猛，现在已成为抚仙湖重要经济鱼类之一。已有的研究已经表明，肉食性鱼类常具有入侵性，且更容易造成土著鱼类的濒危甚至灭绝。这点也能从抚仙湖外来鱼类的变动情况中得以反映。同时，根据抚仙湖土著鱼类的变动情况可以认为肉食性土著种在面对外来种的入侵时，可能具有更高的抗性，其多样性不容易丧失。

5.2 星云湖

5.2.1 水质监测结果

5.2.1.1 不同季节水质监测结果

1. 2012 年冬季水质监测结果

星云湖三个站点水质均为劣 V 类，按照星云湖水功能区水质目标（Ⅲ类水）分析，海门桥主要是总磷超标 22 倍，高锰酸盐指数超标 2.53 倍，总氮超标 2.15 倍，五日生化需氧量超标 0.4 倍；星云湖心主要是总氮超标 0.75 倍，总磷超标 5.45 倍，高锰酸盐指数超标 1.17 倍；星云湖出流改道进水口主要是总氮超标 0.93 倍，总磷超标 5.54 倍，高锰酸盐指数超标 0.95 倍。星云湖综合富营养化评价为中度富营养，其中，星云湖心、星云湖出流改道进水口均为中度富营养，海门桥为重度富营养，具体结果见表 5 - 23。

2. 2012 年夏季水质监测结果

星云湖三个站点水质均为劣 V 类，按照星云湖水功能区水质目标（地表水环境质量Ⅲ类水）分析，海门桥主要超标项目及超标倍数：总磷超标 20 倍，高锰酸盐指数超标 2.48 倍，总氮超标 2.69 倍；星云湖心主要超标项目及超标倍数：总氮超标 2.37 倍，总磷超标 13 倍，高锰酸盐指数超标 0.62 倍，五日生化需氧量超标 0.1 倍；星云湖出流改道进水口超标项目及倍数：总氮超标 2.33 倍，总磷超标 13.48 倍，高锰酸盐指数超标 0.57 倍，溶解氧超标 0.16 倍，星云湖综合富营养化评价为重度富营养化，具体结果见表 5 - 24。

3. 2012 年秋季水质监测结果

星云湖三个站点水质均为劣 V 类。按照星云湖水功能区水质目标（地表水环境质量Ⅲ类水）分析，海门桥主要超标项目及超标倍数：总磷超标 12.12 倍，高锰酸盐指数超标 1.23 倍，总氮超标 1.37 倍，溶解氧超标 0.32 倍，五日生化需氧量超标 0.45 倍；星云湖心主要超标项目及超标倍数：总氮超标 0.95 倍，总磷超标 9.26 倍，高锰酸盐指数超标 0.97 倍，五日生化需氧量超标 0.28 倍，溶解氧超标 0.06 倍；星云湖出流改道进水口超标项目及倍数：总氮超标 0.88 倍，总磷超标 9.06 倍，高锰酸盐指数超标 0.52 倍，溶解氧超标 0.04 倍，五日生化需氧量超标 0.05 倍。星云湖综合富营养化评价为重度富营养化，具体结果见表 5 - 25。

表 5 - 23　2012 年星云湖冬季水质监测结果

湖泊	监测点名称	采样时间(月-日)	时间	气温/℃	水温/℃	风速/(m/s)	风向	气压/kPa	pH值	溶解氧	高锰酸盐指数	五日生化需氧量	氨氮	硝酸盐氮	亚硝酸盐氮	总氮	溶解性正磷酸盐	总磷	叶绿素a	透明度/m	评分指数
													mg/L								
星云湖	海门桥	01-08	15:20	18.5	15.5	—	—	82.3	9.18	3.9	21.2	5.6	0.567	0.36	0.01	3.15	1.15	1.07	0.2661	—	82.8
	星云湖心	01-07	09:45	14.8	11.0	0	C	82.3	9.16	4.3	13.0	2.5	0.206	0.10	<	1.75	0.377	0.281	0.0163	0.3	69.6
	星云湖出流改道进水口	01-07	14:44	20.4	14.0	—	—	82.3	9.21	5.5	11.7	2.6	0.183	0.09	0.005	1.93	0.327	0.254	0.0236	—	68.0

表 5 - 24　2012 年星云湖夏季水质监测结果

湖泊	监测点名称	采样时间(月-日)	时间	气温/℃	水温/℃	风速/(m/s)	风向	气压/kPa	pH值	溶解氧	高锰酸盐指数	五日生化需氧量	氨氮	硝酸盐氮	亚硝酸盐氮	总氮	总磷	叶绿素a	透明度/m	评分指数
													mg/L							
星云湖	海门桥	06-05	15:15	31	23	1.9	305°NW	82.3	9.35	9.1	20.9	10.2	0.448	0.13	0.014	3.69	1.050	0.4627	—	84.1
	星云湖心	06-05	16:00	29.7	22.2	3.2	048°NE	82.3	9.14	6.7	9.7	4.4	0.424	0.06	0.003	3.37	0.700	0.0656	—	73.9
	星云湖出流改道进水口	06-05	16:20	29.5	22	1.4	.027°NNE	82.3	9.1	4.3	9.4	4	0.4	0.12	0.005	3.33	0.724	0.0409	—	72.1

表 5 - 25　2012 年星云湖秋季水质监测结果

湖泊	监测点名称	采样时间(月-日)	时间	气温/℃	水温/℃	气压/kPa	pH值	溶解氧	高锰酸盐指数	五日生化需氧量	氨氮	硝酸盐氮	亚硝酸盐氮	总氮	总磷	叶绿素a	透明度/m	评分指数
										mg/L								
星云湖	海门桥	10-24	9:44	19.5	21	82.3	9.44	3.4	13.4	5.8	0.224	0.19	0.016	2.37	0.656	0.2339	—	77
	星云湖心	10-24	9:55	19.5	20.7	82.3	9.62	4.7	11.8	5.1	0.269	0.16	0.009	1.95	0.513	0.1699	—	74.7
	星云湖出流改道进水口	10-24	10:29	19.5	20.3	82.3	9.45	4.3	9.1	4.2	0.222	0.05	0.009	1.88	0.503	0.1592	75.9	72.1

5.2.1.2　不同年份水质监测结果

从监测结果（图 5-22）可以看到，星云湖水质处于Ⅴ～劣Ⅴ类水平。其中主要超标项目是总氮、总磷（图 5-23）。

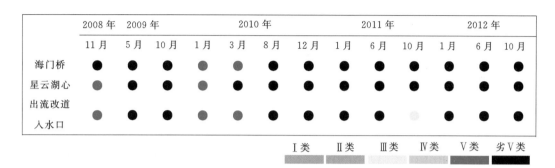

图 5-22　星云湖水质等级变化情况

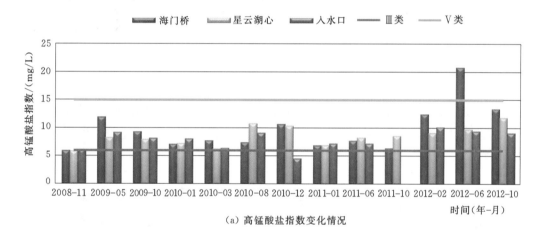

（a）高锰酸盐指数变化情况

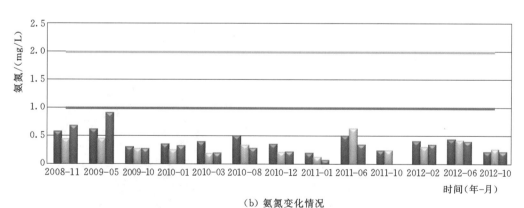

（b）氨氮变化情况

图 5-23（一）　星云湖部分理化监测项目变化情况

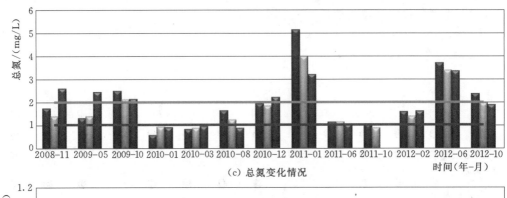

（c）总氮变化情况

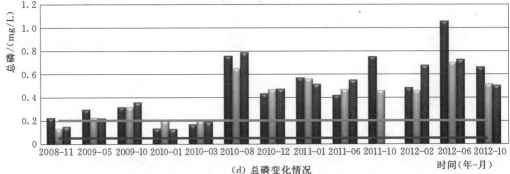

（d）总磷变化情况

■ 海门桥 ■ 星云湖心 ■ 入水口

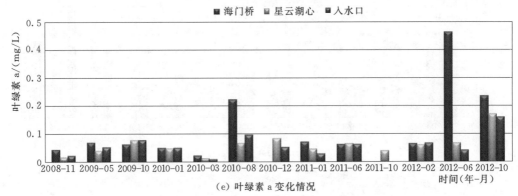

（e）叶绿素 a 变化情况

图 5-23（二） 星云湖部分理化监测项目变化情况

5.2.2 水生生物监测结果

5.2.2.1 不同季节水生生物监测结果

1. 2012 年冬季水生生物监测结果

（1）浮游植物。

a. 星云湖浮游植物种类组成及密度。星云湖 3 个站点共检出浮游植物 6 门 28 种。其中硅藻门 6 种，绿藻门 15 种，蓝藻门 4 种，黄藻门 1 种，裸藻门 1 种，甲藻门 1 种（见图 5-24）。各站点主要以蓝藻门浮游植物为

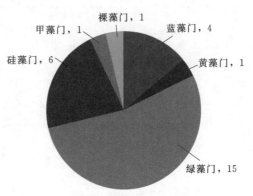

图 5-24 星云湖各门藻类种数示意图

优势种类，平均丰度为 $144.9 \times 10^5 \text{cells/L}$。其中优势度较高的种类有：蓝藻门的微囊藻。

星云湖各站点的浮游植物种数见表5-26。

表5-26   星云湖各站点浮游植物种数

门类	星云湖心	海门桥	入水口
蓝藻门	4	3	4
黄藻门	1	1	0
绿藻门	14	10	5
硅藻门	6	4	5
甲藻门	1	1	1
裸藻门	0	1	0
总计	26	20	15

星云湖各站点浮游藻类丰度见表5-27、图5-25。

表5-27   星云湖各站点浮游藻类丰度   单位：10^5cells/L

门类	星云湖心	海门桥	入水口
蓝藻门	103.1	96.7	212.3
黄藻门	0.3	0.2	0
绿藻门	8.7	5.3	4.7
硅藻门	1.4	0.8	1.0
甲藻门	0.2	0.1	0.1
裸藻门	0	0.1	0
总计	113.7	103.2	218.1

b. 星云湖浮游植物多样性指数和均匀度指数。星云湖各站点浮游植物多样性指数和均匀度指数都较低，根据评价标准属于中度富营养化，详见表5-28。

（2）浮游动物。星云湖共检出浮游动物15种，其中原生动物4种，轮虫7种，枝角类2种，桡足类2种。浮游动物平均丰度为892ind./L。

星云湖各站点浮游动物丰度见表5-29、图5-26，各站点种类数见表5-30。

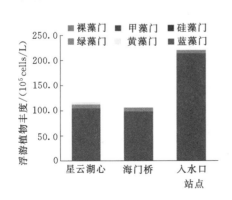

图5-25 星云湖各站点浮游藻类丰度

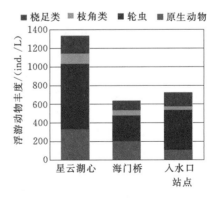

图5-26 星云湖各站点浮游动物丰度

表 5 - 28　　　　　　　　　　星云湖各站点浮游植物多样性指数和均匀度指数

项　目	星云湖心	海门桥	入水口
香农多样性指数	1.57	1.61	0.70
均匀度指数	0.33	0.37	0.18

表 5 - 29　　　　　　　　　　　星云湖各站点浮游动物丰度　　　　　　　　　单位：ind./L

浮游动物	星云湖心	海门桥	入水口
原生动物	331	211	108
轮虫	710	263	432
枝角类	95	53	36
桡足类	189	105	144
合计	1325	632	720

表 5 - 30　　　　　　　　　　　　星云湖各站点浮游动物种类数

浮游动物	星云湖心	海门桥	入水口
原生动物	3	3	2
轮虫	6	4	5
枝角类	2	0	1
桡足类	2	1	2
合计	13	8	10

（3）底栖动物。星云湖共检出底栖动物 9 种，其中昆虫纲 4 种，腹足纲 5 种，以摇蚊科幼虫为优势。各监测点种类组成见表 5 - 31。

表 5 - 31　　　　　　　　　　　　星云湖底栖动物种类组成

种　类		入　水　口		海　门　桥	
		密度	生物量	密度	生物量
昆虫纲	直突摇蚊亚科	60	0.072	87	0.096
	摇蚊族	100	0.122		
	长跗摇蚊族	500	0.605		
	蟌属			7	0.030
腹足纲	囊螺属	23	0.822		
	椭圆萝卜螺	360	12.681	3	0.073
	短沟蜷属	3	0.053		
	放逸短沟蜷			7	0.040
	大脐圆扁螺	3	0.055		
合计		1049	14.410	104	0.239

注　密度单位为 ind./m²，生物量单位为 g/m²。

（4）生物评价结果。星云湖由于微囊藻的大量生长，浮游植物多样性指数和均匀度指数都较低，显示水生态环境受到严重污染，藻类的大量生长也显示其处于中度富营养化状态，见表 5 - 32。

表 5-32 利用浮游植物对星云湖进行水质评价结果

项 目		海门桥	入口闸	星云湖心
水质评价	香农多样性指数	重污染	重污染	重污染
	均匀度指数	重污染	重污染	重污染
	浮游植物丰度	中度富营养	中度富营养	中度富营养

2. 2012 年夏季水生生物监测结果

（1）浮游植物。星云湖 3 个站点共检出浮游植物 6 门 39 种。其中硅藻门 11 种，绿藻门 14 种，蓝藻门 8 种，裸藻门 2 种，甲藻门 1 种（见图 5-27）。各站点主要以蓝藻门浮游植物为优势种类，平均丰度为 $627.6 \times 10^5 \text{cells/L}$。其中优势度较高的种类为蓝藻门的微囊藻。

星云湖各站点的浮游植物种数见表 5-33。

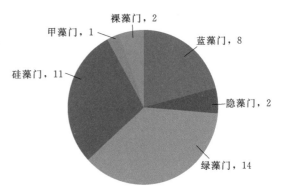

图 5-27 星云湖各门藻类种数示意图

表 5-33 星云湖各站点浮游植物种数

门类	星云湖心	海门桥	入水口
蓝藻门	4	6	3
隐藻门	2	2	1
绿藻门	8	7	11
硅藻门	7	7	7
甲藻门	1	0	0
裸藻门	2	1	1
总计	24	23	23

星云湖各站点浮游藻类丰度见表 5-34、图 5-28。

表 5-34 星云湖各站点浮游藻类丰度 单位：10^5cells/L

门类	星云湖心	海门桥	入水口
蓝藻门	257.9	1300.0	204.4
隐藻门	0.2	0.6	0.3
绿藻门	18.6	13.9	30.8
硅藻门	12.7	21.6	21.5
甲藻门	0.1	0.0	0.0
裸藻门	0.2	0.1	0.1
总计	289.7	1336.2	257.1

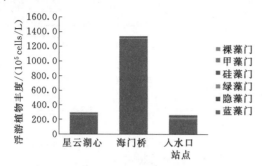

图 5-28 星云湖各站点浮游藻类丰度

星云湖浮游植物群落结构为蓝藻-绿藻型，其中蓝藻门的微囊藻是湖中的绝对优势种。星云湖各站点受到了严重污染，其浮游植物平均丰度为 627.6×10^5 cells/L，属于重度富营养化状态。

（2）浮游动物。星云湖共检出后生浮游动物 10 种，其中轮虫 2 种，枝角类 2 种，桡足类 6 种。后生浮游动物平均丰度为 830ind./L。星云湖以出流改道入水口的后生浮游动物丰度最高，其中枝角类、桡足类较多。

星云湖各站点后生浮游动物丰度见表 5-35、图 5-29，各站点种类数见表 5-36。

表 5-35　　　　　　　　星云湖各站点后生浮游动物丰度　　　　　　　单位：ind./L

浮游动物	星云湖心	海门桥	入水口
轮虫	0	0	32
枝角类	30	486	928
桡足类	30	72	912
合计	60	558	1872

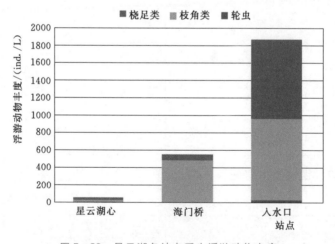

图 5-29 星云湖各站点后生浮游动物丰度

表 5-36　　　　　　　　星云湖各站点后生浮游动物种类数

浮游动物	星云湖心	海门桥	入水口
轮虫	1	0	2
枝角类	1	0	1
桡足类	3	2	5
合计	5	2	8

（3）生物评价结果。星云湖各站点的浮游植物多样性均小于 2.0，均匀度小于 0.5（见图 5-30），且各站点的浮游植物丰度大于 100×10^5 cells/L，优势种为蓝藻门的微囊藻和色球藻，综上判断，星云湖处于重度富营养化状态。

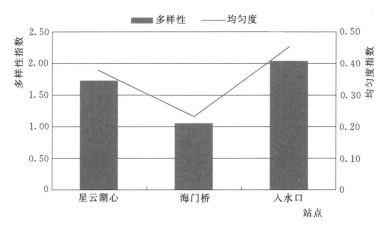

图 5-30　星云湖各站点多样性指数和均匀度指数

3. 2012 年秋季水生生物监测结果

（1）浮游植物。星云湖 3 个站点共检出浮游植物 6 门 38 种。其中硅藻门 11 种，绿藻门 18 种，蓝藻门 5 种，裸藻门 2 种，甲藻门 1 种，金藻门 1 种（见图 5-31）。各站点主要以蓝藻门浮游植物为优势种类，平均丰度为 826.7×10^5 cells/L。其中优势度较高的种类是蓝藻门的微囊藻。

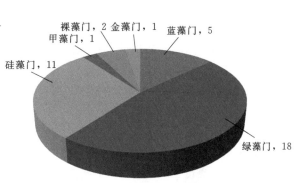

图 5-31　星云湖各门藻类种数示意图

星云湖各站点的浮游植物种数见表 5-37。

表 5-37　　　　　　　　　　星云湖各站点浮游植物种数

门类	星云湖心	海门桥	入水口
蓝藻门	5	5	3
绿藻门	11	9	11
硅藻门	9	7	5
甲藻门	1	1	1
裸藻门	2	1	1
金藻门	0	1	0
总计	28	24	21

星云湖各站点浮游藻类丰度见表 5 - 38、图 5 - 32。

表 5 - 38　　　　　　　　　　星云湖各站点浮游藻类丰度　　　　　　　单位：10^5 cells/L

门类	星云湖心	海门桥	入水口
蓝藻门	1082.6	1106.4	258.4
绿藻门	9.5	1.8	3.0
硅藻门	10.0	4.2	1.7
甲藻门	0.0	0.0	0.0
裸藻门	0.8	1.1	0.5
金藻门	0.0	0.0	0.0
总计	1102.9	1113.5	263.6

星云湖浮游植物群落结构以蓝藻为主要的优势类群，其中蓝藻门的微囊藻是湖中的绝对优势种。各站点浮游植物平均丰度为 826.7×10^5 cells/L。

（2）浮游动物。星云湖共检出浮游动物 12 种，其中原生动物未检出，轮虫 5 种，枝角类 4 种，桡足类 3 种。浮游动物平均丰度为 583 ind./L。

星云湖各站点浮游动物丰度见表 5 - 39、图 5 - 33，各站点种类数见表 5 - 40。

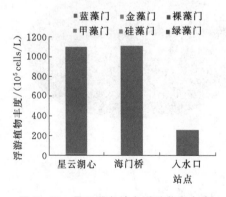

图 5 - 32　星云湖各站点浮游藻类丰度　　　图 5 - 33　星云湖各站点浮游动物丰度

表 5 - 39　　　　　　　　　　星云湖各站点浮游动物丰度　　　　　　　单位：ind./L

浮游动物	星云湖心	海门桥	入水口
原生动物	—	—	—
轮虫	32	280	24.4
枝角类	144	940.8	12.2
桡足类	0	291.2	24.4
合计	176	1512	61

表 5-40   星云湖各站点浮游动物种类数

浮游动物	星云湖心	海门桥	入水口
原生动物	0	0	0
轮虫	2	4	2
枝角类	2	3	1
桡足类	0	3	1
合计	4	10	4

（3）底栖动物。从 5 个监测点可以看到，寡毛纲和摇蚊类底栖动物在星云湖分布较广，且栖息密度较高（图 5-34、图 5-35）。星云湖底栖动物群落结构与其营养水平较高相符，见表 5-41。

表 5-41   星云湖底栖动物种类组成

中文名称	拉 丁 文 称	监 测 站 点				
		侯家沟	海门桥	大麦地	出水口	石岩哨
水丝蚓	*Lodrilus* sp.	+	+	+		
颤蚓	*Tubifex* sp.				+	
石蛭属一种	*Herpobdella* sp.		+	+		+
拟沼螺	*Assiminea* sp.		+			+
椭圆萝卜螺	*Radix swinhoei*			+		
折叠萝卜螺	*Radix plicatula*			+	+	
尖萝卜螺	*Radix acuminata*	+	+	+		
檞豆螺	*Bithynia miselia*				+	
梨形环棱螺	*Bellamya purificata*	+				
铜锈环棱螺	*Bellamya aeruginosa*	+	+		+	
方格短沟蜷	*Semisulcospira cancellata*	+				
钉螺属一种	*Oncomelania* sp.				+	
河蚬	*Corbicula nitens*	+				+
长跗摇蚊属一种	*Clatanytarsus* sp.					+
多足摇蚊属一种	*Polypedilum* sp.	+				
沼虾属一种	*Macrobrachium* sp.		+			
异钩虾科一种	*Anisogammaridae* sp.			+		
水丝蚓	*Lodrilus* sp.					+

注　表中"+"表示该种存在。

（4）生物评价结果。星云湖各站点浮游植物以蓝藻门微囊藻为优势，其中两个站点的多样性小于 1.0（见图 5-36），浮游植物丰度大于 100×10^5 cells/L；湖滨带底栖动物主要以喜营养的摇蚊类为主。综上生物指标判断，星云湖水生态状况处于重度富营养化状态。

根据 GB 2762《食品安全国家标准　食品中污染物限量》对各湖泊的鱼类重金属含量进行评价，由表 5-42 结果可见，星云湖中 2 种鱼类均符合水产品安全要求。

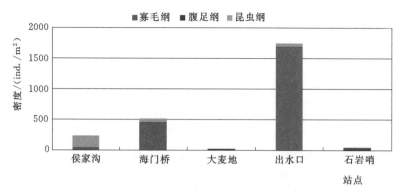

图 5-34 星云湖各站点底栖动物栖息密度

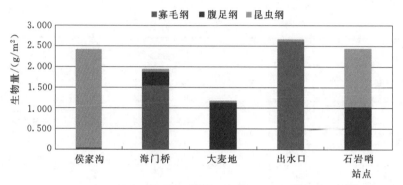

图 5-35 星云湖各站点底栖动物生物量

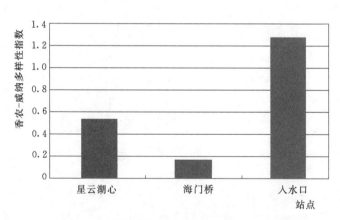

图 5-36 星云湖各站点浮游植物多样性指数

表 5-42   星云湖鱼类重金属含量   单位：mg/kg

湖泊	安全标准	汞	砷	铬	镉	铅	锌
		0.3	0.5	2	0.1	0.5	—
星云湖	鲌鱼	0.018	0.038	0.56	<	0.13	12.2
	鲫鱼	0.023	0.336	0.53	<	0.11	14.7

注   "<" 表示该指标值小于检出值。

5.2.2.2 不同年份水生生物监测结果

1. 浮游植物监测结果

星云湖中多年来已发生了严重的藻类水华，其中的优势种类为蓝藻门的微囊藻。近几次的监测中，浮游植物的丰度已达 2×10^8 cells/L 以上，水体中微囊藻的团状群体肉眼可见，远远超过了重度富营养化的评价标准（图 5-37）。

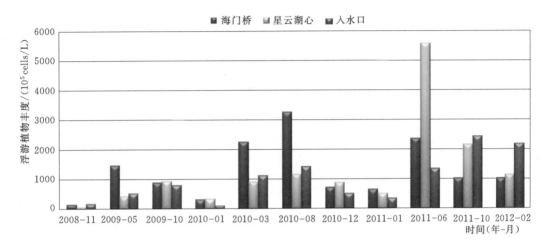

图 5-37 2008—2012 年星云湖浮游植物丰度变化情况

利用德国 BBE 藻类检测仪器对星云湖区的藻类分布进行调查发现，星云湖的蓝藻叶绿素浓度表现为北湖区高于南湖区，特别是北湖区的湖湾处浓度较高（图 5-38）。这主要是因为星云湖湖区内盛行西南风，藻类群体随着风成流向北边漂流。

2. 浮游动物监测结果

多年的监测调查中，共检出星云湖浮游动物 20 余种，其中原生动物的纤毛虫占主要优势，如膜袋虫、钟虫、毛板壳虫等。而后生动物的种群较小，常见的有螺形龟甲轮虫、萼花臂尾轮虫、象鼻蚤等。这些种类多为喜营养种类，反映出星云湖富营养化程度较高。

造成星云湖浮游动物群落特征的原因是水体严重富营养化，微囊藻成为优势藻类；以浮游植物为食的浮游动物无法摄食微囊藻的团状群体，使得其种群无法获得足够的营养来源。

3. 底栖动物监测结果

常规监测在海门村和出流改道进水口设有两个监测点，多年的监测结果显示，昆虫纲的摇蚊幼虫和腹足纲的萝卜螺是星云湖底栖动物的优势种类，其中摇蚊幼虫的栖息密度在温度较高的 6 月可达 3400ind./m²。

在 2012 年 10 月对星云湖的底栖动物群落进行环湖调查发现，星云湖湖滨带中摇蚊类底栖动物的多样性较高，且在全湖范围内广泛分布，另有蜻、蟌等水生昆虫零星分布。这主要是因为星云湖湖滨带底质中有机质丰富、营养水平较高，较适合摇蚊类底栖动物生长。

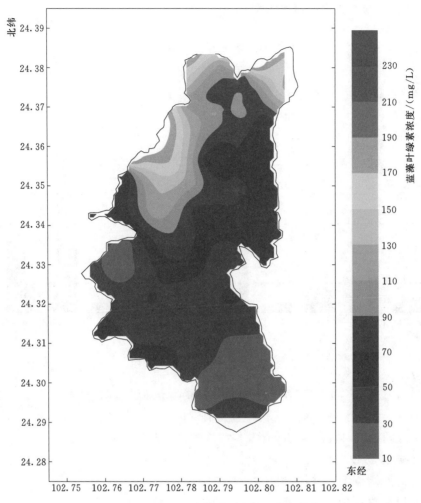

图 5-38　星云湖蓝藻叶绿素空间分布规律

表 5-43　　　　　　　　　　　星云湖底栖动物种类组成 （2012 年 10 月）

中文名称	拉丁文名称	侯家沟		海门桥		大麦地		出水口		石岩哨	
		密度	生物量	密度	生物量	密度	生物量	密度	生物量	密度	生物量
霍甫水丝蚓	*Lodrilus hoffmeisteri*	47	0.043	443	1.547	7	0.007	1683	2.607		
正颤蚓	*Tubifex tubifex*							10	0.007		
椭圆萝卜螺	*Radix swinhoei*			7	0.220	10	1.127			10	0.240
膀胱螺	*Physa* sp.			3	0.107					33	0.783
前突摇蚊	*Procladius* sp.					3	0.003				
异样拟环足摇蚊	*Paracricotopus irregularis*					3	0.003	20	0.013		
小云多足摇蚊	*Polypedilum nubeculosum*	107	0.110	3	0.003			20	0.017		
拟踵突多足摇蚊	*Polypedilum paraviceps*							3	0.003		
流粗腹摇蚊	*Rheopelopia* sp.	3	0.003								

中文名称	拉丁文名称	侯家沟		海门桥		大麦地		出水口		石岩哨	
		密度	生物量	密度	生物量	密度	生物量	密度	生物量	密度	生物量
羽摇蚊	*Chironomus* sp.	33	0.030	57	0.050			13	0.020		
恩菲摇蚊	*Einfeldia* sp.	13	0.013								
叶二叉摇蚊	*Dicrotendipus lobifer*							7	0.007		
负子蝽科	*Belostomatidae* sp.	10	2.200							3	0.793
潜水蝽科	*Naucoridae* sp.									3	0.627
多距石蛾科	*Polycentropodidae* sp.	23	0.023								
蟌科	*Coenagrionidae* sp.			3	0.013						
丝蟌科	*Lestidae* sp.					3	0.040				
毛蠓科	*Psychodidae* sp.									3	0.003

注　密度单位为 ind. /m², 生物量单位为 g/m²。

5.3　阳宗海

5.3.1　水质监测结果

5.3.1.1　2012 年 2 月监测结果

阳宗海各站点的水质现状均未达标, 为Ⅲ～劣Ⅴ类水, 超标项目为溶解氧、高锰酸盐指数、五日生化需氧量、氨氮、总氮、总磷、挥发酚、石油类、阴离子表面活性剂、粪大肠菌群, 各项目超标情况见表 5 - 44。其中, 入湖的摆夷河引水渠各类污染物均超标, 给阳宗海输入大量污染物质。营养状态指数计算结果显示阳宗海中和汤池呈中营养状态。

表 5 - 44　　　　　　　　　阳宗海各站点监测项目超标情况

项　目	阳宗海湖心	汤池	阳宗大河入湖口	摆夷河引水渠
溶解氧	/	/	/	0.52
高锰酸盐指数	/	/	0.93	0.98
五日生化需氧量	/	0.17	/	4.33
氨氮	/	/	/	6.86
总氮	/	0.51	6.14	24.60
总磷	/	/	/	19.50
砷	0.10	/	/	/
挥发酚	/	0.20	1.30	3.80
石油类	/	/	/	1.00
阴离子表面活性剂	/	/	/	2.43
粪大肠菌群	/	/	/	>120

注　表中数据为各项目超标倍数,"/"表示未超标。

摆夷河引水渠为阳宗海重要的污染输入，且粪大肠菌群超标严重。

5.3.1.2 2012 年 4 月监测结果

阳宗海各站点的水质现状均未达标，为Ⅲ～劣Ⅴ类水，超标项目为高锰酸盐指数、五日生化需氧量、氨氮、总氮、总磷、挥发酚、石油类、粪大肠菌群，各项目超标情况见表5-45。其中，入湖的摆夷河引水渠各类污染物均超标，给阳宗海输入大量污染物质。营养状态指数计算结果显示阳宗海湖心和汤池呈中营养状态。

表 5-45　　　　　　　阳宗海各站点监测项目超标情况　　　　　单位：mg/L

项　目	阳宗海湖心	汤池	阳宗大河入湖口	摆夷河引水渠
高锰酸盐指数	/	/	0.40	0.08
五日生化需氧量	/	/	0.50	1.67
氨氮	/	/	0.09	2.44
总氮	0.24	1.50	4.06	8.54
总磷	/	0.65	0.13	1.44
氟化物	/	/	/	1.01
挥发酚	/	/	0.90	0.50
石油类	/	/	/	5.00
粪大肠菌群	/	/	0.65	＞120

注　表中数字为各项目超标倍数，"/"表示未超标。

与上期监测结果相比，摆夷河引水渠仍为阳宗海重要的污染输入，而且粪大肠菌群超标严重。

5.3.1.3 2012 年 6 月监测结果

阳宗海各站点的水质现状为Ⅲ～劣Ⅴ类水，以目标水质Ⅱ类进行评价，超标项目为高锰酸盐指数、五日生化需氧量、氨氮、总氮、总磷、氟化物、阴离子表面活性剂粪大肠菌群，各项目超标情况见表5-46。其中，入湖的摆夷河引水渠各类污染物均超标，给阳宗海输入大量污染物质，粪大肠菌群指标超标倍数较高显示其受生活污水影响较大。营养状态指数计算结果显示阳宗海湖心呈中营养状态。

表 5-46　　　　　　　阳宗海各站点监测项目超标情况　　　　　单位：mg/L

项　目	阳宗海湖心	汤池	阳宗大河入湖口	摆夷河引水渠
高锰酸盐指数	/	/	0.43	0.58
五日生化需氧量	0.50	0.83	0.83	2.17
氨氮	/	0.03	/	4.02
总氮	0.21	1.78	63.60	10.74
总磷	/	/	/	4.77
氟化物	/	/	0.30	3.65
阴离子表面活性剂	/	0.00	0.40	/
粪大肠菌群	/	0.20	2.95	79.00

注　表中数字为各项目超标倍数，"/"表示未超标。

与上期监测结果相比，摆夷河引水渠仍为阳宗海重要的污染输入，而且粪大肠菌群超标严重。

5.3.1.4 2012年8月监测结果

阳宗海各站点的水质现状为Ⅳ～Ⅴ类水，以目标水质Ⅱ类进行评价，超标项目为高锰酸盐指数、五日生化需氧量、氨氮、总氮、总磷、砷、挥发酚、粪大肠菌群，各项目超标情况见表5-47。其中，入湖河流各类污染物均超标，给阳宗海输入大量污染物质，尤其总氮超标倍数较多。营养状态指数计算结果显示阳宗海湖心呈中营养状态。

表5-47　　　　　　　　　　　阳宗海各站点监测项目超标情况　　　　　　　　　　单位：mg/L

项　目	阳宗海湖心	汤池	阳宗大河入湖口	摆夷河引水渠
高锰酸盐指数	/	/	0.25	0.13
五日生化需氧量	0.00	0.33	0.83	1.00
氨氮	/	0.27	0.47	0.69
总氮	0.75	2.50	190.80	44.60
总磷	/	0.15	0.20	0.91
砷	0.23	0.00	/	/
挥发酚	/	/	0.40	/
粪大肠菌群	/	/	/	0.05

注　表中数字为各项目超标倍数，"/"表示未超标。

与上期监测结果相比，两个入湖河流仍为阳宗海重要的污染输入，而且输入的氮元素较多。

5.3.1.5 2012年10月监测结果

阳宗海各站点的水质现状为Ⅳ～劣Ⅴ类水，以目标水质Ⅱ类进行评价，超标项目为高锰酸盐指数、五日生化需氧量、氨氮、总氮、总磷、砷、粪大肠菌群，各项目超标情况见表5-48。其中，入湖河流各类污染物均超标，给阳宗海输入大量污染物质，尤其总氮超标倍数较多。营养状态指数计算结果显示阳宗海湖心呈中营养状态。

表5-48　　　　　　　　　　　阳宗海各站点监测项目超标情况　　　　　　　　　　单位：mg/L

项　目	阳宗海湖心	汤池	阳宗大河入湖口	摆夷河引水渠
高锰酸盐指数	/	/	0.20	1.88
五日生化需氧量	/	/	/	0.33
氨氮	/	/	/	0.84
总氮	0.59	1.78	89.60	11.98
总磷	/	0.42	/	0.21
砷	0.25	/	/	/
粪大肠菌群	/	/	16.50	79.00

注　表中数字为各项目超标倍数，"/"表示未超标。

与上期监测结果相比，两个入湖河流仍为阳宗海重要的污染输入，而且输入的氮元素较多。

5.3.1.6 2012 年 12 月监测结果

阳宗海各站点的水质现状为Ⅳ～Ⅴ类水,以目标水质Ⅱ类进行评价,超标项目为高锰酸盐指数、五日生化需氧量、氨氮、总氮、总磷、砷、阴离子表面活性剂、粪大肠菌群,各项目超标情况见表 5-49。其中,入湖河流各类污染物均超标,给阳宗海输入大量污染物质,尤其总氮超标倍数较多。营养状态指数计算结果显示阳宗海湖心呈中营养状态。

表 5-49 　　　　　　　　　　阳宗海各站点监测项目超标情况 　　　　　　　　　　单位:mg/L

项　　目	阳宗海湖心	汤池	阳宗大河入湖口	摆夷河引水渠
高锰酸盐指数	/	/	1.00	0.50
五日生化需氧量	/	/	2.67	2.33
氨氮	/	/	/	2.64
总氮	0.61	2.48	3.16	12.00
总磷	/	/	0.84	3.47
砷	0.34	/	/	/
阴离子表面活性剂	0.09	/	/	/
粪大肠菌群	/	/	/	11.00

注 表中数字为各项目超标倍数,"/"表示未超标。

与上期监测结果相比,两条入湖河流仍为阳宗海重要的污染输入,而且输入的氮元素较多。

5.3.1.7 年度变化趋势

阳宗海的水环境质量保护目标为Ⅱ类,但各站点在大部分监测频次中水质现状均未达标,为Ⅲ～劣Ⅴ类水,超标项目为溶解氧、高锰酸盐指数、五日生化需氧量、氨氮、总氮、总磷、石油类、粪大肠菌群。其中,阳宗大河入湖口和摆夷河引水渠两条入湖河流超标项目较多,给阳宗海输入了大量的有机污染物和营养物质,如图 5-39 所示。

营养状态指数计算结果显示阳宗海湖心和汤池呈中营养状态。

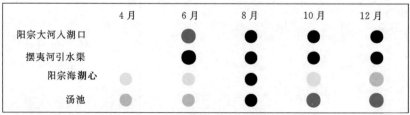

图 5-39 2012 年阳宗海水质等级变化情况

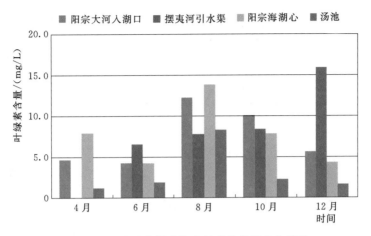

图 5-40 2012 年阳宗海各站点叶绿素变化情况

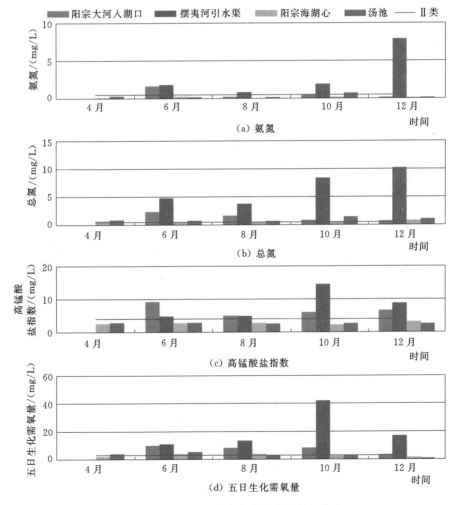

图 5-41(一) 阳宗海各监测项目超标情况

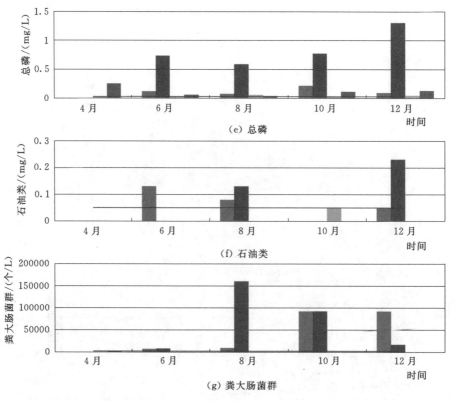

图 5-41（二） 阳宗海各监测项目超标情况

5.3.2 水生生物监测结果

5.3.2.1 2012 年 2 月水生生物监测结果

1. 浮游植物监测结果

阳宗海 3 个采样点共鉴定浮游植物 6 门 58 种，其中硅藻门 18 种，绿藻门 25 种，蓝藻门 6 种，甲藻门 2 种，裸藻门 5 种，隐藻门 2 种，如图 5-42 所示。

从表 5-50 可以看到，各站点的浮游植物种类数相差不大，以硅藻门、绿藻门种类为主。

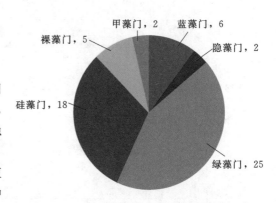

图 5-42 阳宗海各站点浮游植物种类组成

表 5-50 阳宗海各站点浮游植物种类组成

门 类	阳宗大河入湖口	摆夷河引水渠	阳宗海湖心	汤池
蓝藻门	6	3	6	5
隐藻门	2	1	2	2
绿藻门	15	9	18	15

门　类	阳宗大河入湖口	摆夷河引水渠	阳宗海湖心	汤池
硅藻门	5	14	5	3
裸藻门	0	5	0	2
甲藻门	1	0	2	2
总计	29	32	33	29

从图 5-43 可以看到，摆夷河引水渠以硅藻门占优势，其余 3 个站点的浮游植物均以蓝藻门（水华束丝藻）占有绝对的优势。

从表 5-51 可以看到，水华束丝藻在阳宗海的各个站点中的优势度都较高，而颤藻在摆夷河引水渠占优势。

从生物指数的计算结果可以看到，除摆夷河引水渠外，水华束丝藻在各站点中占有较大的优势，导致多样性指数和均匀度指数都较低（见表 5-52），显示其受到了严重污染。而摆夷河引水渠的多样性较高，但并不意味着该站点水体质量良好。因为从摆夷河引水渠的种类组成和采样实地环境来分析，其种类组成以束丝藻、鱼腥藻、颤藻、小环藻等喜营养种类为主，

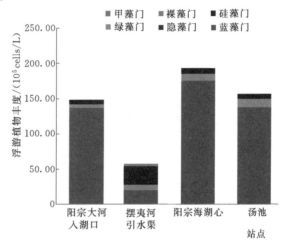

图 5-43　阳宗海各站点浮游植物丰度组成

而其多样性较高是因为该水体处于流动状态，因此即使营养盐及有机污染程度较高，但没有一个种类能达到绝对的优势。所以摆夷河引水渠也受到了上游生活污水的影响，导致耐污种类占优势。

表 5-51　　　　　　　　　　阳宗海各站点浮游植物优势种类

种　类	阳宗大河入湖口	摆夷河引水渠	阳宗海湖心	汤池
水华束丝藻	71		69	69
颤藻		29		

注　表中数据为优势度，%。

表 5-52　　　　　　　　　　阳宗海各站点浮游植物多样性和均匀度指数

指　数	阳宗大河入湖口	摆夷河引水渠	阳宗海湖心	汤池
多样性指数	1.64	3.59	1.75	1.89
均匀度指数	0.34	0.72	0.35	0.39

2. 浮游动物监测结果

3 个站点共鉴定浮游动物 21 种，其中原生动物 7 种，轮虫 11 种，桡足类 2 种，枝角

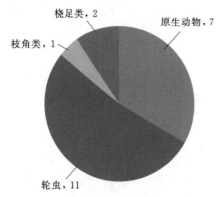

图 5-44 阳宗海浮游动物种类组成

类 1 种, 如图 5-44 所示。

大部分站点的浮游动物组成以原生动物 (纤毛虫) 占优势, 阳宗海湖心以轮虫占优势; 其中草履虫、膜袋虫、螺形龟甲轮虫等中污指示种的优势度较大, 如图 5-45 所示。

3. 底栖动物监测结果

阳宗海两断面均以腹足纲生物为优势。阳宗大河入湖口的底栖动物密度和生物量较高, 其中椭圆萝卜螺优势度较高。而摆夷河引水渠站点则以静泽蛭占有优势, 其次为摇蚊幼虫和颤蚓, 显示其有机污染严重, 见表 5-53。

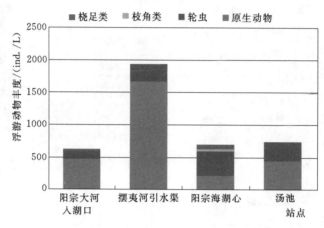

图 5-45 阳宗海浮游动物丰度组成

表 5-53 阳宗海汤池站点底栖动物栖息密度及生物量

种 类		阳宗大河入湖口		摆夷河引水渠	
		密度	生物量	密度	生物量
昆虫纲	直突摇蚊亚科	50	0.061		
	摇蚊科			30	0.036
	蚬属	7	0.119		
腹足纲	旋螺	3	0.051		
	囊螺	20	1.374	20	1.007
	椭圆萝卜螺	113	7.784	7	0.667
甲壳纲	米虾属	72	20.748		
寡毛纲	颤蚓科			27	0.032
蛭纲	静泽蛭			90	0.117
合 计		265	30.137	174	1.859

注 密度单位为 ind./m², 生物量单位为 g/m²。

4. 小结

阳宗海两条主要的入湖河流的氮磷有一定程度的超标,其中摆夷河引水渠尤甚,大量的营养盐使得水华束丝藻大量生长,因此水生物群落呈多样性低的特征。

5.3.2.2 2012年4月水生生物监测结果

1. 浮游植物监测结果

阳宗海3个采样点共鉴定浮游植物6门57种,其中硅藻门17种,绿藻门25种,蓝藻门6种,甲藻门2种,裸藻门5种,隐藻门2种,如图5-46所示。

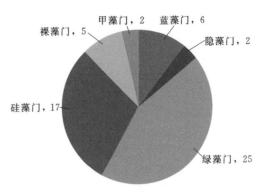

图5-46 阳宗海各站点浮游植物种类组成

从表5-54可以看到,各站点的浮游植物种类数相差不大,以硅藻门、绿藻门种类为主。

表5-54 阳宗海各站点浮游植物种类组成

门类	阳宗大河入湖口	摆夷河引水渠	阳宗海湖心	汤池	合计
蓝藻门	5	3	5	5	6
隐藻门	1	1	0	2	2
绿藻门	14	8	16	15	25
硅藻门	5	13	5	3	17
裸藻门	0	5	0	2	5
甲藻门	1	0	2	2	2
总计	26	30	28	29	57

从图5-47可以看到,摆夷河引水渠以硅藻门、蓝藻门占优势,其余3个站点的浮游植物均以蓝藻门(水华束丝藻)占有绝对的优势。

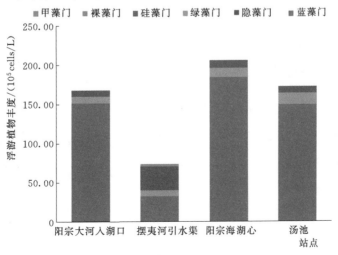

图5-47 阳宗海各站点浮游植物丰度组成

从表 5 - 55 可以看到，水华束丝藻在阳宗海的各个站点中的优势度都较高，而颤藻在摆夷河引水渠占优势。

表 5 - 55 　　　　　　　　　阳宗海各站点浮游植物优势种类

种　　类	阳宗大河入湖口	摆夷河引水渠	阳宗海湖心	汤池
水华束丝藻	72		71	68
颤藻		37		

注　表中数据为优势度，%。

从生物指数的计算结果（表 5 - 56）可以看到，除摆夷河引水渠外，水华束丝藻在各站点中占有较大的优势，导致多样性指数和均匀度指数都较低，显示其受到了严重污染。而摆夷河引水渠的多样性较高，但并不意味着该站点水体质量良好。因为从摆夷河引水渠的种类组成和采样实地环境来分析，其种类组成以颤藻、小环藻等喜营养种类为主，而其多样性较高是因为该水体处于流动状态，因此即使营养盐及有机污染程度较高，但没有一个种类能达到绝对的优势。所以摆夷河引水渠也受到了上游生活污水的影响，导致耐污种类占优势。

表 5 - 56 　　　　　　　阳宗海各站点浮游植物多样性和均匀度指数

项　　目	阳宗大河入湖口	摆夷河引水渠	阳宗海湖心	汤池
多样性指数	1.72	3.36	1.81	1.94
均匀度指数	0.36	0.69	0.38	0.40

2. 浮游动物监测结果

3 个站点共鉴定浮游动物 16 种，其中原生动物 5 种，轮虫 8 种，桡足类 2 种，枝角类 1 种，如图 5 - 48 所示。

大部分站点的浮游动物组成以原生动物（纤毛虫）占优势，阳宗海湖心以轮虫占优势，其中草履虫、膜袋虫、螺形龟甲轮虫等中污指示种的优势度较大，如图 5 - 49 所示。

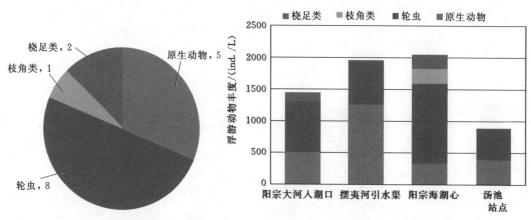

图 5 - 48　阳宗海浮游动物种类组成　　　　　　图 5 - 49　阳宗海浮游动物丰度组成

3. 小结

阳宗海两条主要的入湖河流的氮磷有一定程度的超标，其中摆夷河引水渠尤甚，大量的营养盐使得水华束丝藻大量生长，因此水生物群落呈多样性低的特征。

5.3.2.3 2012 年 6 月水生生物监测结果

1. 浮游植物监测结果

阳宗海 3 个采样点共鉴定浮游植物 6 门 51 种，其中硅藻门 19 种，绿藻门 19 种，蓝藻门 7 种，甲藻门 2 种，裸藻门 3 种，隐藻门 1 种，如图 5 - 50 所示。

从表 5 - 57 可以看到，各站点的浮游植物种类数相差不大，以硅藻门、绿藻门种类为主。

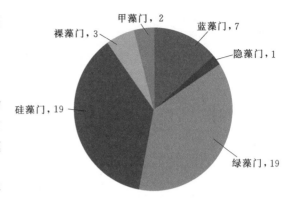

图 5 - 50 阳宗海各站点浮游植物种类组成

表 5 - 57 阳宗海各站点浮游植物种类组成

门 类	阳宗大河入湖口	摆夷河引水渠	阳宗海湖心	汤池	合计
蓝藻门	4	4	5	4	7
隐藻门	1	1	0	1	1
绿藻门	9	7	8	11	19
硅藻门	10	12	6	8	19
裸藻门	1	3	0	2	3
甲藻门	1	0	2	2	2
总计	26	27	21	28	51

从图 5 - 51 可以看到，阳宗大河入湖口、摆夷河引水渠以硅藻门、蓝藻门占优势，其余两个站点的浮游植物均以蓝藻门（水华束丝藻）占有绝对的优势。其中，阳宗大河入湖口站点的浮游植物丰度与以往的监测有较大的差异，这是因为采样点偏离以往的站点，定位在阳宗大河河道中。

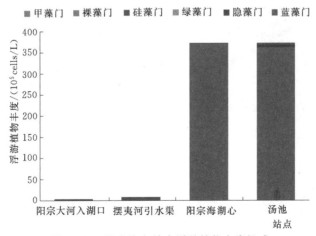

图 5 - 51 阳宗海各站点浮游植物丰度组成

从表 5 - 58 可以看到，水华束丝藻在阳宗海湖心和汤池的优势度都较高，而颤藻在阳宗大河入湖口、摆夷河引水渠占优势。

表 5-58　　　　　　　　　　　　阳宗海各站点浮游植物优势种类

种　类	阳宗大河入湖口	摆夷河引水渠	阳宗海湖心	汤池
水华束丝藻			84	88
颤藻	17	18		

注　表中数据为优势度，%。

　　从生物指数的计算结果（表 5-59）可以看到，水华束丝藻在阳宗海湖心和汤池占有较大的优势，导致多样性指数和均匀度指数都较低，显示其受到了严重污染。而阳宗大河入湖口、摆夷河引水渠的多样性较高，但并不意味着该站点水体质量良好。因为从这两个站点的种类组成和采样实地环境来分析，其种类组成以颤藻、小环藻等喜营养种类为主，而其多样性较高是因为该水体处于流动状态，因此即使营养盐及有机污染程度较高，但没有一个种类能达到绝对的优势。

表 5-59　　　　　　　　　　　阳宗海各站点浮游植物多样性和均匀度指数

项　目	阳宗大河入湖口	摆夷河引水渠	阳宗海湖心	汤池
多样性指数	3.77	3.85	0.71	0.76
均匀度指数	0.80	0.81	0.16	0.16

2. 浮游动物监测结果

3 个站点共鉴定浮游动物 5 种，其中轮虫 3 种，桡足类 1 种，枝角类 1 种。

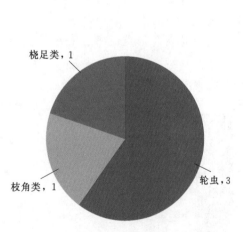

图 5-52　阳宗海浮游动物种类组成

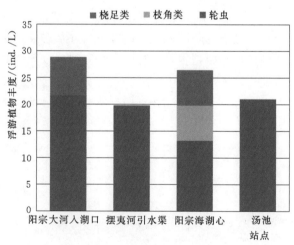

图 5-53　阳宗海浮游动物丰度组成

　　大部分站点的浮游动物组成以轮虫占优势，优势种包括针簇多肢轮虫、螺形龟甲轮虫等。

3. 小结

　　阳宗海两条主要的入湖河流的氮磷有一定程度的超标，其中摆夷河引水渠尤甚，大量的营养盐使得水华束丝藻大量生长，因此水生物群落呈多样性低的特征。

5.3.2.4　2012年8月水生生物监测结果

1. 浮游植物监测结果

阳宗海3个采样点共鉴定浮游植物6门43种，其中硅藻门13种，绿藻门15种，蓝藻门8种，甲藻门3种，裸藻门2种，隐藻门2种，如图5-54所示。

从表5-60可以看到，各站点的浮游植物种类数相差不大，以硅藻门、绿藻门种类为主。

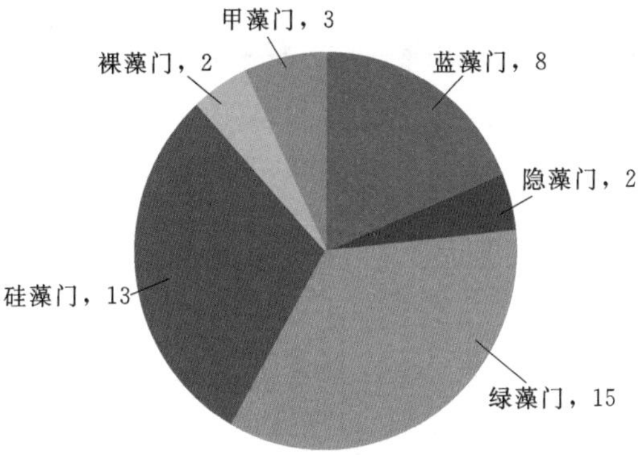

从图5-55可以看到，蓝藻门浮游植物在阳宗海占有较大的优势，其中阳宗海湖心的浮游植物丰度最高。

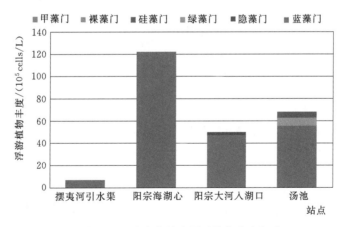

图 5-54　阳宗海各站点浮游植物种类组成

表 5-60　　　　　　　　　　阳宗海各站点浮游植物种类组成

门类	摆夷河引水渠	阳宗海湖心	阳宗大河入湖口	汤池	合计
蓝藻门	2	5	1	4	8
隐藻门	1	0	2	1	2
绿藻门	1	5	4	12	15
硅藻门	4	3	4	11	13
裸藻门	2	0	0	1	2
甲藻门	0	3	0	1	3
总计	10	16	11	30	43

图 5-55　阳宗海各站点浮游植物丰度组成

从表5-61可以看到，水华束丝藻在阳宗海湖心和汤池两个站点中的优势度都较高，而颤藻在摆夷河引水渠占优势，小型色球藻在阳宗大河入湖口占优势。

从生物指数的计算结果可以看到（表5-62），阳宗海各站点的浮游植物多样性较低，其中阳宗海湖心和阳宗大河入湖口站点因为水华束丝藻或小型色球藻的优势度较高而多样性指数小于1。

表 5 - 61　　　　　　　　　　阳宗海各站点浮游植物优势种类

种 类	摆夷河引水渠	阳宗海湖心	阳宗大河入湖口	汤池
水华束丝藻		96		79
颤藻	74			
小型色球藻			94	

注　表中数据为优势度，%。

表 5 - 62　　　　　　　　　阳宗海各站点浮游植物多样性和均匀度指数

项 目	摆夷河引水渠	阳宗海湖心	阳宗大河入湖口	汤池
多样性指数	1.21	0.31	0.43	1.58
均匀度指数	0.36	0.08	0.12	0.32

2. 浮游动物监测结果

3 个站点共鉴定后生浮游动物 11 种，其中轮虫 9 种，桡足类 2 种（图 5 - 56）。广布多肢轮虫、龟甲轮虫、晶囊轮虫是湖中的主要优势种类。

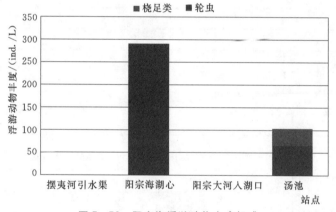

图 5 - 56　阳宗海浮游动物丰度组成

3. 小结

水华束丝藻是阳宗海浮游植物的优势种类，且在阳宗海湖心、汤池站点丰度较高。而阳宗海两个主要的入湖河流的氮磷有一定程度的超标，大量的营养盐是造成水华束丝藻大量生长的主要原因。

5.3.2.5　2012 年 10 月水生生物监测结果

1. 浮游植物监测结果

阳宗海 3 个采样点共鉴定浮游植物 6 门 46 种，其中硅藻门 17 种，绿藻门 14 种，蓝藻门 9 种，甲藻门 3 种，裸藻门 2 种，隐藻门 1 种，如图 5 - 57 所示。

从表 5 - 63 可以看到，各站点的浮游植物种类数相差不大，以硅藻门、绿藻门种类为主。

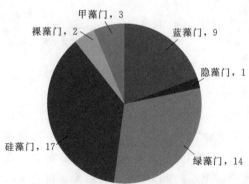

图 5 - 57　阳宗海各站点浮游植物种类组成

表 5 - 63   阳宗海各站点浮游植物种类组成

门类	阳宗大河入湖口	摆夷河引水渠	阳宗海湖心	汤池	合计
蓝藻门	2	3	6	5	9
隐藻门	1	0	1	1	1
绿藻门	4	5	6	10	14
硅藻门	12	14	11	7	17
裸藻门	2	1	0	0	2
甲藻门	1	0	2	1	3
总计	22	23	26	24	46

从图 5 - 58 可以看到，阳宗海浮游植物丰度为 $6.04 \times 10^5 \sim 74.92 \times 10^5$ cells/L，其中阳宗海湖心的丰度最高；阳宗大河入湖口、摆夷河引水渠、阳宗海湖心的浮游植物结构为蓝藻-硅藻型，汤池为蓝藻-绿藻型。

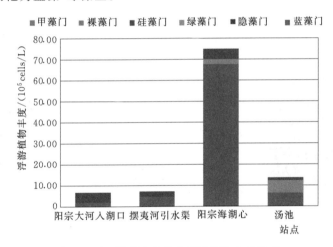

图 5 - 58　阳宗海各站点浮游植物丰度组成

从表 5 - 64 可以看到，蓝藻门的水华束丝藻、颤藻、螺旋藻和绿藻门的空球藻是阳宗海各站点的优势种类，其中水华束丝藻在阳宗海湖心的优势度较高，螺旋藻在摆夷河引水渠占优势，颤藻在阳宗大河入湖口和汤池占优势。

表 5 - 64   阳宗海各站点浮游植物优势种类

种 类	阳宗大河入湖口	摆夷河引水渠	阳宗海湖心	汤池
水华束丝藻			58	
颤藻	17			25
螺旋藻		53		
空球藻				31

注　表中数据为优势度，%。

从生物指数的计算结果可以看到，阳宗大河入湖口和汤池、摆夷河引水渠的生物多样性较高，但其种类组成以喜营养种类为主；而由于水华束丝藻在阳宗海湖心的优势度较高，导致其多样性较低，阳宗海各站点浮游植物多样性指数和均匀度指数见表 5-65。

表 5-65　　　　　　　　阳宗海各站点浮游植物多样性指数和均匀度指数

项 目	阳宗大河入湖口	摆夷河引水渠	阳宗海湖心	汤池
多样性指数	3.54	2.86	2.02	3.05
均匀度指数	0.79	0.63	0.43	0.67

2. 浮游动物监测结果

3 个站点共鉴定浮游动物 15 种，其中原生动物 1 种，轮虫 12 种，桡足类 1 种，枝角类 1 种，如图 5-59 所示。

各站点的浮游动物组成以轮虫占优势（图 5-60）；其中暗小异尾轮虫、广布多肢轮虫为优势种类。

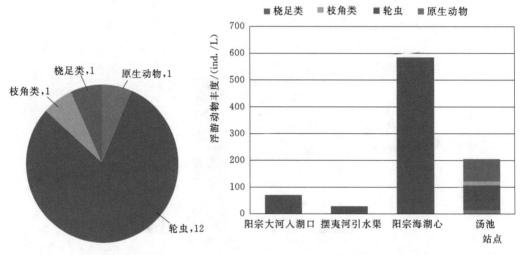

图 5-59　阳宗海浮游动物种类组成　　　　图 5-60　阳宗海浮游动物丰度组成

3. 小结

阳宗海两个主要的入湖河流的氮磷有一定程度的超标，大量的营养盐使得水华束丝藻大量生长，因此水生物群落呈多样性低的特征。综合多样性指数和群落结构来评价，阳宗海处于中度污染状态。

5.3.2.6　2012 年 12 月水生生物监测结果

1. 浮游植物监测结果

阳宗海 3 个采样点共鉴定浮游植物 6 门 50 种，其中硅藻门 16 种，绿藻门 21 种，蓝藻门 8 种，甲藻门 3 种，裸藻门 1 种，隐藻门 1 种，如图 5-61 所示。

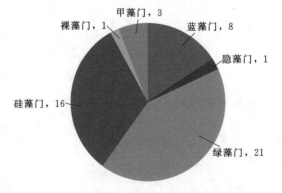

图 5-61　阳宗海各站点浮游植物种类组成

从表 5-66 可以看到，各站点的浮游植物种类数相差不大，以硅藻门、绿藻门种类为主。

表 5 - 66   阳宗海各站点浮游植物种类组成

门类	阳宗大河入湖口	摆夷河引水渠	阳宗海湖心	汤池
蓝藻门	3	4	8	5
隐藻门	0	0	1	1
绿藻门	12	10	10	6
硅藻门	12	11	7	11
裸藻门	1	0	0	1
甲藻门	0	0	2	3
总计	28	25	28	27

从图 5 - 62 可以看到，阳宗海各站点浮游植物丰度为 $4.94 \times 10^5 \sim 594.32 \times 10^5 \, \text{cells/L}$，其中以阳宗海湖心最高。

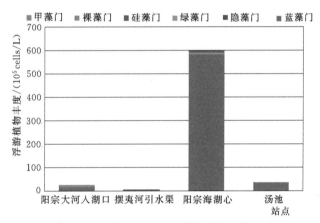

图 5 - 62　阳宗海各站点浮游植物丰度组成

从表 5 - 67 可以看到，水华束丝藻在阳宗海的除了摆夷河引水渠外其他站点中的优势度都较高，其次颤藻和假鱼腥藻在部分站点也占一定的优势。

表 5 - 67   阳宗海各站点浮游植物优势种类

种　类	阳宗大河入湖口	摆夷河引水渠	阳宗海湖心	汤池
水华束丝藻	47		32	63
颤藻		12	24	16
假鱼腥藻	13		32	

注　表中数据为优势度，%。

从生物指数的计算结果可以看到，阳宗大河入湖口、摆夷河引水渠的生物多样性较高，但其种类组成以喜营养种类为主，阳宗海各站点浮游植物多样性指数和均匀度指数见表 5 - 68。

表 5 - 68   阳宗海各站点浮游植物多样性指数和均匀度指数

项　目	阳宗大河入湖口	摆夷河引水渠	阳宗海湖心	汤池
多样性指数	2.94	3.96	2.18	1.99
均匀度指数	0.61	0.85	0.45	0.42

2. 浮游动物监测结果

3 个站点共鉴定浮游动物 19 种，其中原生动物 2 种，轮虫 16 种，桡足类 1 种，如图

5-63 所示。

大部分站点的浮游动物组成以轮虫为主（图 5-64），优势种类为暗小异尾轮虫、柱足腹尾轮虫等。

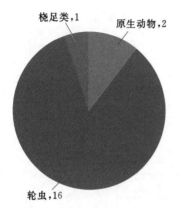

图 5-63　阳宗海浮游动物种类组成

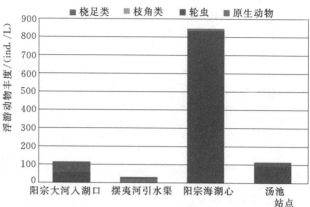

图 5-64　阳宗海浮游动物丰度组成

3. 小结

阳宗海两条主要的入湖河流的氮磷有一定程度的超标，大量的营养盐使得水华束丝藻大量生长。综合多样性指数和群落结构来评价，阳宗海处于中度污染状态。

5.3.2.7　水生生物年度变化趋势

1. 浮游植物监测结果

阳宗海 3 个采样点共鉴定浮游植物 7 门 80 余种，其中以硅藻门、绿藻门种类居多。其中，摆夷河引水渠站点的浮游植物种类较多，这主要因为该站点处于中等干扰程度，营养盐、有机物等各类环境条件使得较多种类的浮游植物生长（图 5-65）。

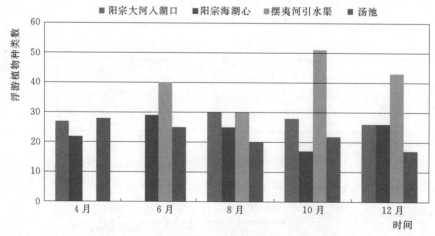

图 5-65　阳宗海各站点浮游植物种类数变化情况

从图 5-66 可以看到，阳宗海浮游植物丰度在 $14 \times 10^5 \sim 1360 \times 10^5$ cells/L，平均丰度为 362×10^5 cells/L。其中，阳宗海中的浮游植物丰度较高，且在 8 月达到最大值。

水华束丝藻在阳宗海湖区内的优势度都较高，从图 5-67 可以看到，其丰度随温度上升而增加，并在 8 月达到最大值。

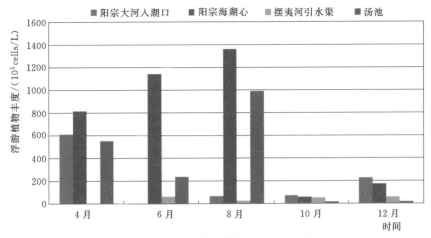

图 5-66　阳宗海各站点浮游植物丰度变化情况

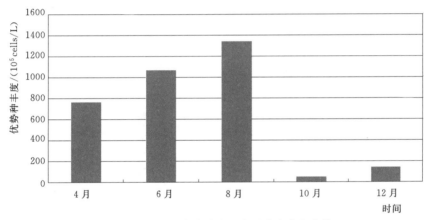

图 5-67　阳宗海优势种水华束丝藻丰度变化情况

　　从生物指数的计算结果可以看到，除摆夷河引水渠外，水华束丝藻在各站点中占有较大的优势，导致多样性指数和均匀度指数都较低，显示其受到了严重污染（图 5-68）。而摆夷河引水渠的多样性较高，但并不意味着该站点水体质量良好。因为从摆夷河引水渠的种类组成和采样实地环境来分析，其种类组成以平裂藻、四尾栅藻等喜营养种类为主，而其多样性较高是因为该水体处于流动状态，因此即使营养盐及有机污染程度较高，但没有一个种类能达到绝对的优势。

　　2. 浮游动物监测结果

　　各站点的浮游动物组成均以原生动物（纤毛虫）占优势（图 5-69）。其中膜袋虫、针簇多肢轮虫、裂痕龟纹轮虫等污染指示种为优势。

　　3. 底栖动物监测结果

　　阳宗海主要以腹足纲、寡毛纲、蛭纲生物为优势。汤池的底栖动物密度和生物量较高（图 5-70），其中环棱螺优势度较高。摆夷河引水渠由于有机污染较严重，底栖动物种类、数量较少，主要以摇蚊幼虫、静泽蛭等为优势。

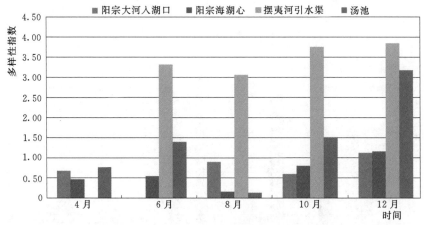

图 5-68　阳宗海各站点浮游植物多样性变化情况

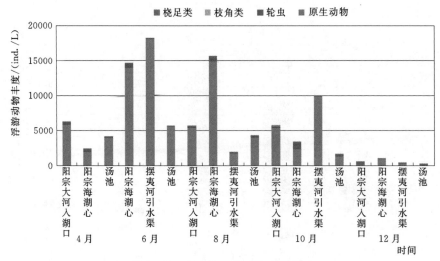

图 5-69　阳宗海浮游动物丰度组成

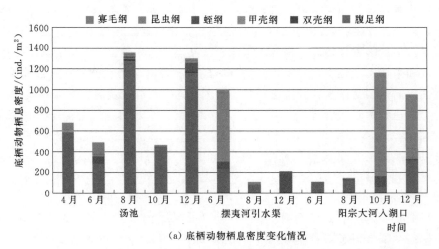

（a）底栖动物栖息密度变化情况

图 5-70（一）　阳宗海各站点底栖动物组成变化情况

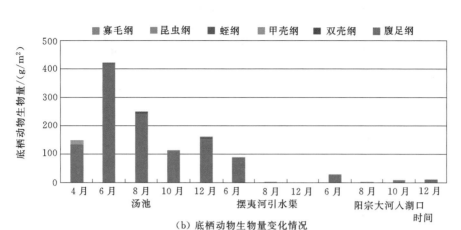

（b）底栖动物生物量变化情况

图 5-70（二）　阳宗海各站点底栖动物组成变化情况

5.4　杞麓湖

5.4.1　水质监测结果

5.4.1.1　2012 年 2 月监测结果

杞麓湖各站点的监测结果均显示其水质为劣Ⅴ类，其中超标项目为高锰酸盐指数、五日生化需氧量、总氮、总磷、氟化物，各项目超标情况见表 5-69。从表中可见，各站点的总氮超标较多，其中入湖河流红旗河的氮营养输入较高。湖心和湖管站两个站点的叶绿素含量较高（分别为 112.1mg/m³，88.8mg/m³），显示大量藻类生长。营养状态指数计算结果显示杞麓湖湖心呈中度富营养化状态。

本期的溶解氧、氨氮、粪大肠菌群未超标，而入湖河流的总氮仍较高。

表 5-69　　　　　　　　杞麓湖各站点监测项目超标情况

项　　目	红旗河	湖管站	杞麓湖湖心	落水洞
高锰酸盐指数	0.97	1.25	0.82	0.82
五日生化需氧量	1.55	0.65	/	0.53
总氮	13.30	3.87	2.09	1.86
总磷	/	0.85	/	/
氟化物	0.28	/	0.13	0.07

注　表中数据为各项目超标倍数，"/"表示未超标。

5.4.1.2　2012 年 4 月监测结果

杞麓湖各站点的监测结果均显示Ⅴ～劣Ⅴ类，其中超标项目为高锰酸盐指数、五日生化需氧量、氨氮、总氮、总磷、氟化物，各项目超标情况见表 5-70。从表中可见，各站点的总氮超标较多，其中入湖河流红旗河的氮营养输入较高。营养状态指数计算结果显示杞麓湖湖心呈中度富营养化状态。

表 5 - 70　　　　　　　　　杞麓湖各站点监测项目超标情况

项　　目	红旗河	湖管站	杞麓湖湖心	落水洞
高锰酸盐指数	1.40	4.00	2.60	1.43
五日生化需氧量	0.05	3.45	1.10	0.48
氨氮	0.93	/	/	/
总氮	15.80	5.86	4.60	3.16
总磷	0.40	2.87	1.16	1.40
氟化物	0.44	0.21	0.14	0.10

注　表中数据为各项目超标倍数,"/"表示未超标。

与上期监测结果相比,超标项目未改变,而入湖河流的总氮仍较高。

5.4.1.3　2012 年 6 月监测结果

杞麓湖各站点的监测结果均显示劣Ⅴ类,以目标水质Ⅲ类进行评价,超标项目为高锰酸盐指数、五日生化需氧量、氨氮、总氮、总磷、氟化物、阴离子表面活性剂、粪大肠菌群,各项目超标情况见表 5 - 71。从表中可见,各站点的总氮超标较多,其中入湖河流红旗河、湖管站的氮营养输入较高。营养状态指数计算结果显示杞麓湖湖心呈轻度富营养化状态。

与上期监测结果相比,超标项目增加了阴离子表面活性剂、粪大肠菌群等指标。

表 5 - 71　　　　　　　　　杞麓湖各站点监测项目超标情况

项　　目	红旗河	湖管站	杞麓湖湖心	落水洞
高锰酸盐指数	1.88	4.25	1.58	0.85
五日生化需氧量	1.45	4.83	/	0.18
氨氮	1.16	6.38	/	/
总氮	8.43	14.50	4.18	6.13
总磷	/	16.60	/	/
氟化物	0.15	0.02	0.15	/
阴离子表面活性剂	/	1.20	/	/
粪大肠菌群	/	1.80	/	/

注　表中数据为各项目超标倍数,"/"表示未超标。

5.4.1.4　2012 年 8 月监测结果

杞麓湖各站点的监测结果均显示劣Ⅴ类,以目标水质Ⅲ类进行评价,超标项目为高锰酸盐指数、五日生化需氧量、氨氮、总氮、总磷、氟化物、粪大肠菌群,各项目超标情况见表 5 - 72。从表中可见,各站点的总氮超标较多,其中入湖河流红旗河、湖管站的氮营养输入较高。营养状态指数计算结果显示杞麓湖湖心呈轻度富营养化状态。

表 5－72　　　　　　　　杞麓湖各站点监测项目超标情况

项　目	红旗河	湖管站	杞麓湖湖心	落水洞
高锰酸盐指数	1.18	1.47	1.07	/
五日生化需氧量	0.48	1.23	0.50	/
氨氮	1.33	0.82	/	/
总氮	15.60	10.30	4.68	4.76
总磷	2.21	2.99	/	/
氟化物	0.20	/	0.03	/
粪大肠菌群	15.00	15.00	/	1.80

注　表中数据为各项目超标倍数，"/"表示未超标。

5.4.1.5　2012 年 10 月监测结果

　　杞麓湖各站点的监测结果均显示劣Ⅴ类，以目标水质Ⅲ类进行评价，超标项目为高锰酸盐指数、五日生化需氧量、氨氮、总氮、总磷、氟化物、粪大肠菌群，各项目超标情况见表 5－73。从表中可见，各站点的总氮超标较多，其中入湖河流红旗河的氮营养输入较高。营养状态指数计算结果显示杞麓湖湖心呈轻度富营养化状态。

　　与上期监测结果相比，湖管站氮超标情况有所下降。

表 5－73　　　　　　　　杞麓湖各站点监测项目超标情况

项　目	红旗河	湖管站	杞麓湖湖心	落水洞
高锰酸盐指数	0.03	0.23	0.83	1.37
五日生化需氧量	/	/	/	0.33
氨氮	2.42	/	/	/
总氮	10.20	9.10	3.89	2.94
总磷	1.51	/	/	/
氟化物	0.42	/	0.12	0.04
粪大肠菌群	/	/	1.20	/

注　表中数据为各项目超标倍数，"/"表示未超标。

5.4.1.6　2012 年 12 月监测结果

　　杞麓湖各站点的监测结果均显示劣Ⅴ类，以目标水质Ⅲ类进行评价，超标项目为高锰酸盐指数、五日生化需氧量、氨氮、总氮、总磷、氟化物、粪大肠菌群，各项目超标情况见表 5－74。从表中可见，各站点的总氮超标较多，其中入湖河流红旗河、湖管站的氮营养输入较高。营养状态指数计算结果显示杞麓湖湖心呈轻度富营养化状态。

表 5－74　　　　　　　　杞麓湖各站点监测项目超标情况

项　目	红旗河	湖管站	杞麓湖湖心	落水洞
高锰酸盐指数	1.47	1.50	1.45	1.37
五日生化需氧量	0.40	1.88	/	0.45
氨氮	1.69	/	/	/

续表

项　目	红旗河	湖管站	杞麓湖湖心	落水洞
总氮	15.90	5.58	3.56	3.40
总磷	1.13	0.22	1.41	0.35
氟化物	0.00	/	0.20	0.18
粪大肠菌群	15.00	/	/	/

注　表中数据为各项目超标倍数，"/"表示未超标。

5.4.1.7　年度变化趋势

杞麓湖各站点的 5 次监测结果均显示劣 V 类（见图 5-71），其中超标项目为高锰酸盐指数、五日生化需氧量、氨氮、总氮、总磷、氟化物，各项目超标情况见表 5-75、图 5-72。入湖河流红旗河各项目超标倍数较多，给杞麓湖输入了大量的有机污染物及营养盐。

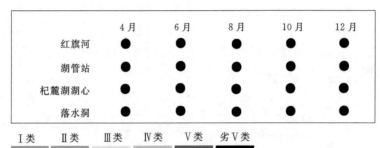

图 5-71　杞麓湖水质等级变化情况

表 5-75　　　　　　　　　杞麓湖各站点监测项目超标情况

项　目	红旗河	湖管站	杞麓湖湖心	落水洞
高锰酸盐指数	0.97	1.25	0.82	0.82
五日生化需氧量	1.55	0.65	/	0.53
总氮	13.30	3.87	2.09	1.86
总磷	/	0.85	/	/
氟化物	0.28	/	0.13	0.07

注　表中数据为各项目超标倍数，"/"表示未超标。

杞麓湖湖心和湖管站两个站点的叶绿素含量较高，显示大量藻类生长（图 5-73）。营养状态指数计算结果显示杞麓湖湖心呈重度富营养化状态。

5.4.2　水生生物监测结果

5.4.2.1　2012 年 2 月水生生物监测结果

1. 浮游植物监测结果

杞麓湖 4 个站点共鉴定浮游植物 6 门 73 种，其中绿藻门 37 种，裸藻门 5 种，硅藻门 17 种，蓝藻门 8 种，隐藻门 3 种，甲藻门 3 种。优势种类为蓝藻门的颤藻，如图 5-74 所示。

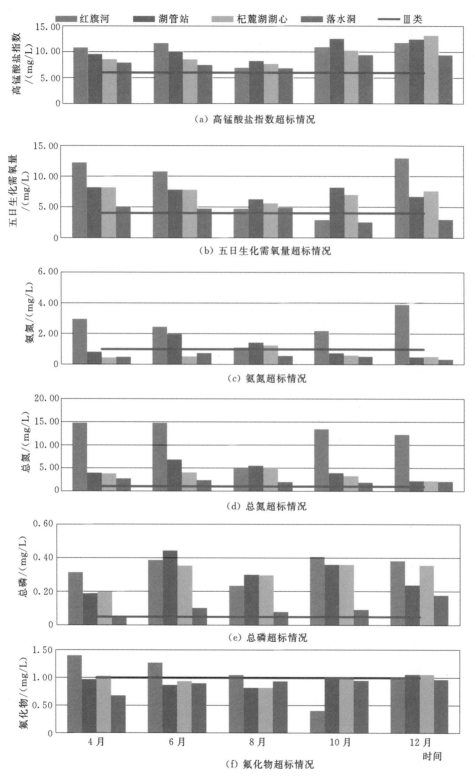

图 5-72　杞麓湖各监测项目超标情况

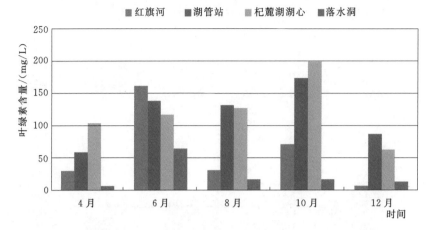

图 5 - 73 杞麓湖各监测站点叶绿素变化情况

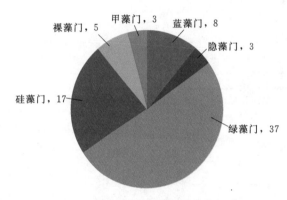

图 5 - 74 杞麓湖浮游植物种类组成

从表 5 - 76 可以看到，各站点的浮游植物种类以绿藻门居多，其次为硅藻门、蓝藻门。

从图 5 - 75 可以看到，杞麓湖各站点的浮游植物丰度为 $568.94 \times 10^5 \sim 9518.12 \times 10^5$ cells/L，主要以蓝藻门占优势，在杞麓湖湖心和湖管站两点尤为突出；而在红旗河和落水洞断面，除蓝藻门外，绿藻门浮游植物也占有较大的优势。各站点浮游植物丰度均大于 100×10^5 cells/L，显示其处于重度富营养化状态。

表 5 - 76 杞麓湖各站点浮游植物种类组成

门 类	红旗河	落水洞	杞麓湖湖心	杞麓湖管站	合 计
蓝藻门	5	7	8	8	8
隐藻门	3	2	2	2	3
绿藻门	25	21	22	24	37
硅藻门	3	12	9	7	17
裸藻门	4	1	3	3	5
甲藻门	1	2	1	1	3
总计	41	45	45	45	73

从表 5 - 77 中看到，颤藻在各站点中都占有优势，且优势度较大；且在杞麓湖湖心和湖管站两站点的颤藻优势极大，水中大量藻团肉眼可见，由此可见这两个站点已发生了蓝藻水华。

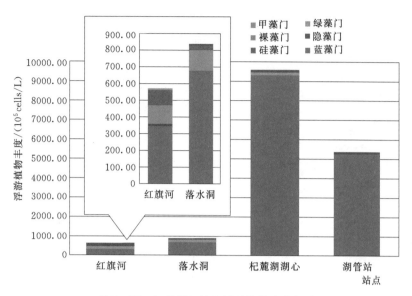

图 5-75　杞麓湖各站点浮游植物丰度组成

表 5-77　　　　　　　　　　　杞麓湖各站点浮游植物优势种类

种类	红旗河	落水洞	杞麓湖湖心	湖管站
颤藻	57	57	97	96

注　表中数据为优势度，%。

从多样性指数和均匀度指数的计算结果（表 5-78）可以看到，红旗河的多样性和均匀度较高，但其主要组成种类均为耐污种类，显示其有机污染和富营养化较严重；而杞麓湖湖心和湖管站由于蓝藻门的颤藻占有绝大的优势，因此多样性较低，生物指数显示这两个站点处于严重污染状态。

表 5-78　　　　　　　　　杞麓湖各站点浮游植物多样性指数和均匀度指数

项　　目	红旗河	落水洞	杞麓湖湖心	湖管站
多样性指数	2.51	2.41	0.33	0.35
均匀度指数	0.47	0.44	0.06	0.06

2. 浮游动物监测结果

杞麓湖 4 个站点共鉴定浮游动物 34 种，其中原生动物 19 种，轮虫 11 种，枝角类 2 种，桡足类 2 种（图 5-76）。

从图 5-77 中可以看到，各站点的浮游动物以原生动物为主，主要为纤毛虫，其中优势种类为膜袋虫、瞬目虫等为耐污种类；后生动物中以轮虫为优势，以萼花臂尾轮虫、针簇多肢轮虫、螺形龟甲轮虫等耐污种为主。

3. 底栖动物监测结果

各站点的底栖动物主要以腹足纲为优势，其中萝卜螺、囊螺等优势较大。而落水洞的水生植物植被较丰富，因此亦发现昆虫纲蜻蜓目的种类，见表 5-79。

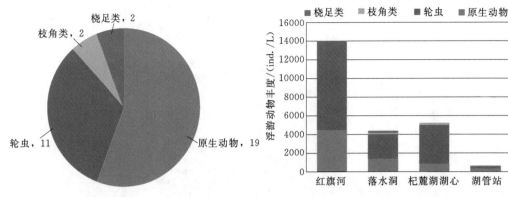

图 5-76 杞麓湖浮游动物种类组成　　　　图 5-77 杞麓湖各站点浮游动物丰度组成

表 5-79　　　　　　　　　杞麓湖红旗河站点底栖动物栖息密度和生物量

种　类		红　旗　河		落　水　洞	
		密度	生物量	密度	生物量
腹足纲	囊螺	13	0.468	933	17.752
	椭圆萝卜螺	17	0.586	193	6.824
	绘环棱螺	10	21.170		
	旋螺	3	0.014	97	0.588
昆虫纲	仰泳蝽			3	0.693
	蜻蜓目			3	0.032
合计		43	22.238	1229	25.889

注　密度单位为 ind./m²，生物量为 g/m²。

4. 小结

综上所述，蓝藻门的颤藻是杞麓湖中的优势种类，特别在杞麓湖湖心和湖管站两站点已发生蓝藻水华，蓝藻群体肉眼可见；而红旗河和落水洞的浮游植物丰度较前两站点低，但水生生物以喜营养种类为优势（如微囊藻、小环藻、卵囊藻等），显示这两个站点富营养化程度和有机污染都较高。由此可见，大量的有机物和营养物质导致水体严重富营养化，杞麓湖水生态状况堪忧。

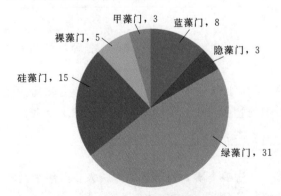

图 5-78 杞麓湖浮游植物种类组成

5.4.2.2　2012 年 4 月水生生物监测结果

1. 浮游植物监测结果

杞麓湖 4 个站点共鉴定浮游植物 6 门 65 种，其中绿藻门 31 种，裸藻门 5 种，硅藻门 15 种，蓝藻门 8 种，隐藻门 3 种，甲藻门 3 种（图 5-78）。优势种类为蓝藻门的颤藻。

从表 5-80 可以看到，各站点的浮游植物种类以绿藻门居多，其次为硅藻门、蓝藻门。

表 5-80　　　　　　　　　　　　　杞麓湖各站点浮游植物种类组成

门类	红旗河	落水洞	杞麓湖湖心	湖管站	合计
蓝藻门	7	6	8	8	8
隐藻门	3	2	2	2	3
绿藻门	21	19	22	23	31
硅藻门	3	10	9	7	15
裸藻门	4	1	3	1	5
甲藻门	1	2	1	1	3
总计	39	40	45	42	65

从图 5-79 可以看到，杞麓湖各站点的浮游植物丰度为 $608.45 \times 10^5 \sim 9182.75 \times 10^5 \, cells/L$，主要以蓝藻门占优势，在杞麓湖湖心和湖管站两点尤为突出；而在红旗河和落水洞断面，除蓝藻门外，绿藻门浮游植物也占有较大的优势。各站点浮游植物丰度均大于 $100 \times 10^5 \, cells/L$，显示其处于重度富营养化状态。

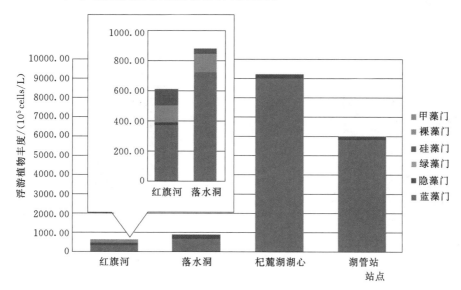

图 5-79　杞麓湖各站点浮游植物丰度组成

从表 5-81 中看到，颤藻在各站点中都占有优势，且优势度较大；在杞麓湖湖心和湖管站两站点的颤藻优势极大，水中大量藻团肉眼可见，由此可见这两个站点已发生了蓝藻水华。

表 5-81　　　　　　　　　　　　　杞麓湖各站点浮游植物优势种类

种　类	红旗河	落水洞	杞麓湖湖心	湖管站
颤藻	56	54	96	96

注　表中数据为优势度，%。

从多样性指数和均匀度指数的计算结果（表 5-82）可以看到，红旗河的多样性和均匀度较高，但其主要组成种类均为耐污种类，显示其有机污染和富营养化较严重；而杞麓湖湖心和湖管站由于蓝藻门的颤藻占有绝大的优势，因此多样性较低，生物指数显示这两个站点处于严重污染状态。

表 5 - 82　　　　　　　　杞麓湖各站点浮游植物多样性指数和均匀度指数

指　数	红旗河	落水洞	杞麓湖湖心	湖管站
多样性指数	2.64	2.52	0.36	0.38
均匀度指数	0.50	0.47	0.07	0.07

2. 浮游动物监测结果

杞麓湖 4 个站点共鉴定浮游动物 27 种，其中原生动物 13 种，轮虫 10 种，枝角类 2 种，桡足类 2 种（图 5 - 80）。

从图 5 - 81 中可以看到，各站点的浮游动物以原生动物为主，主要为纤毛虫，其中优势种类为膜袋虫、瞬目虫等为耐污种类；后生动物中以轮虫为优势，以萼花臂尾轮虫、针簇多肢轮虫、螺形龟甲轮虫等耐污种为主。

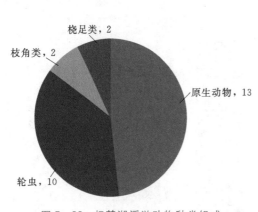

图 5 - 80　杞麓湖浮游动物种类组成

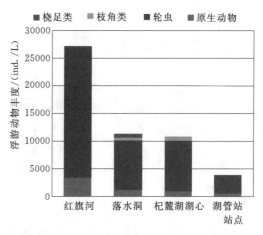

图 5 - 81　杞麓湖各站点浮游动物丰度组成

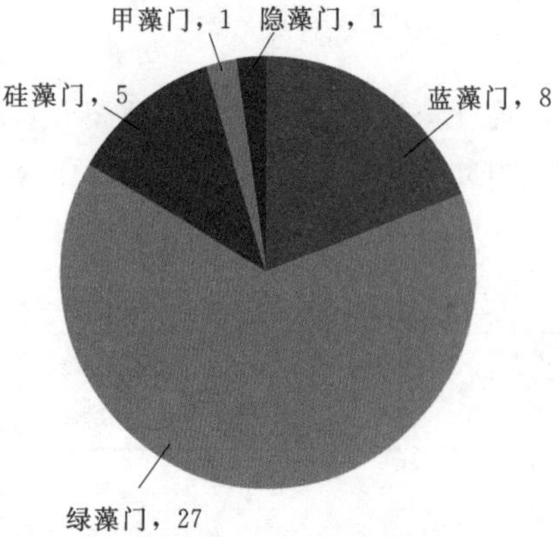

3. 小结

综上所述，蓝藻门的颤藻是杞麓湖中的优势种类，特别在杞麓湖湖心和湖管站两站点已发生蓝藻水华，蓝藻群体肉眼可见。由此可见，大量的有机物和营养物质导致水体严重富营养化，杞麓湖水生态状况堪忧。

5.4.2.3　2012 年 6 月水生生物监测结果

1. 浮游植物监测结果

杞麓湖 3 个站点共鉴定浮游植物 5 门 42 种，其中绿藻门 27 种，隐藻门 1 种，硅藻门 5 种，蓝藻门 8 种，甲藻门 1 种（图 5 - 82）。优势种类为蓝藻门的颤藻、假鱼腥藻。

图 5 - 82　杞麓湖浮游植物种类组成

从表 5 - 83 可以看到，各站点的浮游植物种类以绿藻门居多，其次为硅藻门、蓝藻门。

表 5 - 83　　　　　　　　杞麓湖各站点浮游植物种类组成

门类	落水洞	红旗河	杞麓湖湖心
蓝藻门	4	7	5
绿藻门	16	14	13
硅藻门	3	4	2
甲藻门	0	1	0
隐藻门	0	1	0
总计	23	27	20

从图 5 - 83 可以看到，杞麓湖各站点的浮游植物丰度为 $338.17 \times 10^5 \sim 2565.96 \times 10^5$ cells/L，主要以蓝藻门占优势，在杞麓湖湖心尤为突出各站点浮游植物丰度均大于 100×10^5 cells/L，显示其处于重度富营养状态。

从表 5 - 84 中看到，颤藻、浮丝藻、假鱼腥藻在各站点中都占有优势，且优势度较大。

从多样性指数和均匀度指数的计算结果（表5-85）可以看到，红旗河的多样性和均匀度较高，但其主要组成种类均为耐污种类，显示其有机污染和富营养化较严重；而杞麓湖湖心、落水洞由于蓝藻门的颤藻占有绝大的优势，因此多样性较低，生物指数显示这两个站点处于严重污染状态。

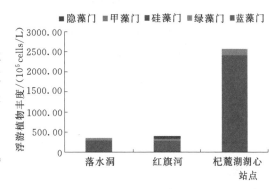

图 5 - 83　杞麓湖各站点浮游植物丰度组成

表 5 - 84　　　　　　　　杞麓湖各站点浮游植物优势种类

种　类	落水洞	红旗河	杞麓湖湖心
颤藻		32	48
浮丝藻	41		
假鱼腥藻	40		

注　表中数据为优势度，%。

表 5 - 85　　　　　　　　杞麓湖各站点浮游植物多样性指数和均匀度指数

项　目	落水洞	红旗河	杞麓湖湖心
多样性指数	2.03	3.07	2.31
均匀度指数	0.45	0.65	0.53

2. 浮游动物监测结果

3 个站点仅鉴定后生浮游动物 3 种，分别为萼花臂尾轮虫、象鼻蚤、剑水蚤幼体。

各站点的后生浮游动物丰度较低，以杞麓湖湖心最好，达 120ind./L；落水洞为 30ind./L。

3. 小结

综上所述，蓝藻门的颤藻是杞麓湖中的优势种类，特别在杞麓湖湖心站点已发生蓝藻水华，蓝藻群体肉眼可见。由此可见，大量的有机物和营养物质导致水体严重富营养化，杞麓湖水生态状况堪忧。

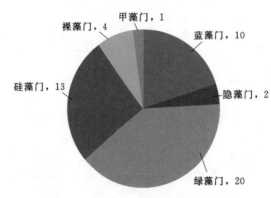

图 5-84　杞麓湖浮游植物种类组成

5.4.2.4　2012 年 8 月水生生物监测结果

1. 浮游植物监测结果

杞麓湖 4 个站点共鉴定浮游植物 6 门 50 种，其中绿藻门 20 种，裸藻门 4 种，硅藻门 13 种，蓝藻门 10 种，隐藻门 2 种，甲藻门 1 种（图 5-84）。优势种类为蓝藻门的颤藻、席藻。

从表 5-86 可以看到，各站点的浮游植物种类以绿藻门居多，其次为硅藻门、蓝藻门。

表 5-86　　　　　　　　　　　　　杞麓湖各站点浮游植物种类组成

门类	红旗河	湖管站	落水洞	杞麓湖湖心	合计
蓝藻门	6	6	3	6	10
隐藻门	0	1	2	1	2
绿藻门	8	14	2	15	20
硅藻门	11	6	5	6	13
裸藻门	2	3	2	4	4
甲藻门	0	0	0	1	1
总计	27	30	14	33	50

从图 5-85 可以看到，杞麓湖各站点的浮游植物丰度为 $25.36 \times 10^5 \sim 1786.31 \times 10^5$ cells/L，主要以蓝藻门占优势，在杞麓湖心和杞麓湖管站两点尤为突出。红旗河、杞麓湖湖心、湖管站 3 个站点的浮游植物丰度均大于 100×10^5 cells/L，显示其处于重度富营养状态。

从表 5-87 中看到，颤藻红旗河、杞麓湖湖心、湖管站三个站点中都占有优势，且优势度较大；而席藻在落水洞占优势。

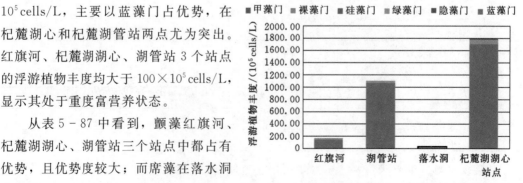

图 5-85　杞麓湖各站点浮游植物丰度组成

表5-87　　　　　　　　　　　杞麓湖各站点浮游植物优势种类

种　类	红旗河	湖管站	落水洞	杞麓湖湖心
颤藻	77	89		74
席藻			48	

注　表中数据为优势度，%。

从多样性指数和均匀度指数的计算结果（表5-88）可以看到，落水洞的多样性和均匀度相对较高，但其主要组成种类均为耐污种类，显示其富营养化较严重；而红旗河、杞麓湖湖心和湖管站由于蓝藻门的颤藻占有绝大的优势，因此多样性较低，生物指数显示这两个站点处于严重污染状态。

表5-88　　　　　　　　　杞麓湖各站点浮游植物多样性指数和均匀度指数

项　目	红旗河	湖管站	落水洞	杞麓湖湖心
多样性指数	1.36	0.86	2.07	1.38
均匀度指数	0.29	0.18	0.54	0.27

2. 浮游动物监测结果

4个站点共鉴定浮游动物20种，其中轮虫18种，桡足类2种（图5-86）。

从图5-87中可以看到，各站点的后生浮游动物以轮虫为优势种，其中湖管站的丰度最高，以萼花臂尾轮虫、角突臂尾轮虫、针簇多肢轮虫、螺形龟甲轮虫等耐污种为主。

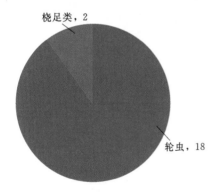

图5-86　杞麓湖浮游动物种类组成

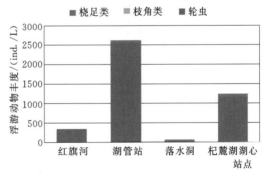

图5-87　杞麓湖各站点浮游动物丰度组成

3. 小结

综上所述，蓝藻门的颤藻是杞麓湖中的优势种类，湖中可见漂浮有大量藻团。由此可见，大量的有机物和营养物质导致水体严重富营养化，杞麓湖水生态状况堪忧。

5.4.2.5　2012年10月水生生物监测结果

1. 浮游植物监测结果

杞麓湖4个站点共鉴定浮游植物6门54种，其中绿藻门30种，裸藻门3种，硅藻门10种，蓝藻门7种，隐藻门1种，甲藻门3种（图5-88）。优势种类为蓝藻门的颤藻。

从表5-89可以看到，各站点的浮游植物种类以绿藻门居多，其次为硅藻门、蓝藻门。

表 5 - 89 杞麓湖各站点浮游植物种类组成

门类	红旗河	湖管站	杞麓湖湖心	落水洞	合计
蓝藻门	3	5	7	7	7
隐藻门	1	1	1	1	1
绿藻门	8	21	21	18	30
硅藻门	5	4	4	7	10
裸藻门	2	3	0	3	3
甲藻门	1	1	1	2	3
总计	20	35	34	38	54

从图 5 - 89 可以看到，杞麓湖各站点的浮游植物丰度为 $410.32 \times 10^5 \sim 2557.74 \times 10^5 \, cells/L$，主要以蓝藻门占优势。各站点浮游植物丰度均大于 $100 \times 10^5 \, cells/L$，显示其处于重度富营养化状态。

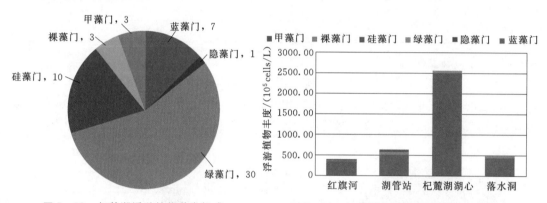

图 5 - 88 杞麓湖浮游植物种类组成   图 5 - 89 杞麓湖各站点浮游植物丰度组成

从表 5 - 90 中看到，蓝藻门的颤藻、假鱼腥藻、泽丝藻在杞麓湖各站点中为优势种类，这与以往月份颤藻在湖中占绝对优势的情况不同。

表 5 - 90 杞麓湖各站点浮游植物优势种类

种 类	红旗河	湖管站	杞麓湖湖心	落水洞
颤藻	38	70		
假鱼腥藻	50			32
泽丝藻			73	46

注 表中数据为优势度，%。

从多样性指数和均匀度指数的计算结果（表 5 - 91）可以看到，杞麓湖各站点的浮游植物多样性较低。

表 5 - 91 杞麓湖各站点浮游植物多样性指数和均匀度指数

项 目	红旗河	湖管站	杞麓湖湖心	落水洞
多样性指数	1.74	1.83	1.41	2.19
均匀度指数	0.40	0.36	0.28	0.42

2. 浮游动物监测结果

4 个站点共鉴定浮游动物 22 种, 其中原生动物 1 种, 轮虫 19 种, 桡足类 2 种。

从图 5 - 91 中可以看到, 红旗河和湖管站两个站点的浮游动物以原生动物为主, 主要为纤毛虫, 其中优势种类为游仆虫; 而另外两个站点则以轮虫为优势, 以萼花臂尾轮虫、角突臂尾轮虫、龟甲轮虫、多肢轮虫等耐污种为主。

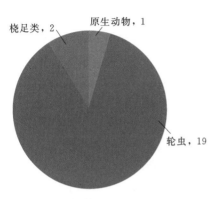

图 5 - 90　杞麓湖浮游动物种类组成

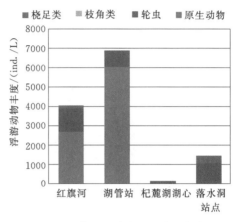

图 5 - 91　杞麓湖各站点浮游动物丰度组成

3. 小结

综上所述, 蓝藻门浮游植物是杞麓湖中的丰度较高, 其中颤藻、假鱼腥藻、泽丝藻等污染指示种类占优势。由此可见, 大量的有机物和营养物质导致水体严重富营养化, 大量藻类在湖中生长。

5.4.2.6　2012 年 12 月水生生物监测结果

1. 浮游植物监测结果

杞麓湖 4 个站点共鉴定浮游植物 6 门 64 种, 其中绿藻门 38 种, 裸藻门 4 种, 硅藻门 9 种, 蓝藻门 11 种, 隐藻门 1 种, 甲藻门 1 种 (图 5 - 92)。

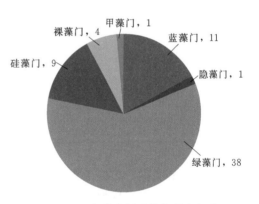

图 5 - 92　杞麓湖浮游植物种类组成

从表 5 - 92 可以看到, 各站点的浮游植物种类以绿藻门居多, 其次为蓝藻门、硅藻门。

表 5 - 92　　　　　　　　　杞麓湖各站点浮游植物种类组成

门　类	红旗河	湖管站	杞麓湖湖心	落水洞	合计
蓝藻门	7	6	7	10	11
隐藻门	1	1	1	1	1
绿藻门	24	24	21	22	38
硅藻门	5	3	4	8	9

续表

门 类	红旗河	湖管站	杞麓湖湖心	落水洞	合计
裸藻门	1	3	2	3	4
甲藻门	0	1	1	0	1
总计	38	38	36	44	64

从图 5-93 可以看到，杞麓湖各站点的浮游植物丰度为 $145.81 \times 10^5 \sim 5590.51 \times 10^5 \text{cells/L}$，各点主要以蓝藻门浮游植物为主。各站点浮游植物丰度均大于 $100 \times 10^5 \text{cells/L}$，显示其处于重度富营养化状态。

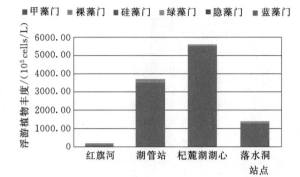

图 5-93 杞麓湖各站点浮游植物丰度组成

从表 5-93 中看到，蓝藻门的泽丝藻、颤藻、水华微囊藻和硅藻门的小环藻是杞麓湖中的优势种类。其中泽丝藻在杞麓湖湖心和落水洞站点占优势，颤藻在湖管站占优势，小环藻在红旗河占优势。

表 5-93 杞麓湖各站点浮游植物优势种类

种 类	红旗河	湖管站	杞麓湖湖心	落水洞
泽丝藻			87	36
颤藻		77		16
水华微囊藻				20
小环藻	33			

注 表中数据为优势度，%。

从多样性指数和均匀度指数的计算结果（表 5-94）可以看到，红旗河的多样性和均匀度较高，但其主要组成种类为小环藻、栅藻等污染指示种类，显示其有机污染和富营养化较严重；而杞麓湖湖心和湖管站由于蓝藻门的泽丝藻、颤藻占有绝大的优势，因此多样性较低，生物指数显示这两个站点处于严重污染状态。

表 5-94 杞麓湖各站点浮游植物多样性指数和均匀度指数

项 目	红旗河	湖管站	杞麓湖湖心	落水洞
多样性指数	3.86	1.43	0.86	2.81
均匀度指数	0.74	0.27	0.17	0.52

2. 浮游动物监测结果

杞麓湖 4 个站点共鉴定浮游动物 21 种，其中原生动物 1 种，轮虫 16 种，枝角类 1 种，桡足类 3 种，如图 5-94 所示。

从图 5-95 中可以看到，各站点的浮游动物以轮虫为主，萼花臂尾轮虫、广布多肢轮虫、端生三肢轮虫、椎尾水轮虫等耐污种为主。

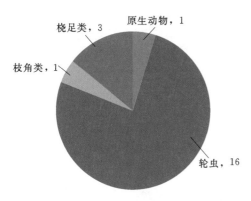

图 5-94　杞麓湖浮游动物种类组成

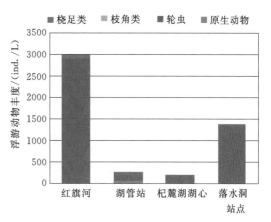

图 5-95　杞麓湖各站点浮游动物丰度组成

3. 小结

综上所述，蓝藻门浮游植物是杞麓湖中的丰度较高，其中泽丝藻、颤藻、水华微囊藻和硅藻门的小环藻等污染指示种类占优势。由此可见，大量的有机物和营养物质导致水体严重富营养化，大量藻类在湖中生长。

5.4.2.7　水生生物年度变化趋势

1. 浮游植物监测结果

杞麓湖 4 个站点共鉴定浮游植物 6 门 90 余种，其中绿藻门种类最多，其次为蓝藻门和硅藻门。

从图 5-96 可以看到，各站点检出浮游植物平均为 38 种，而入湖河流红旗河的浮游植物种类数较其他站点多。这主要是因为，红旗河营养盐和有机物浓度都较高，且处于流动的状态，在这种"中度干扰"的条件下，较多种类得以生长，但其中多为耐污性种类。

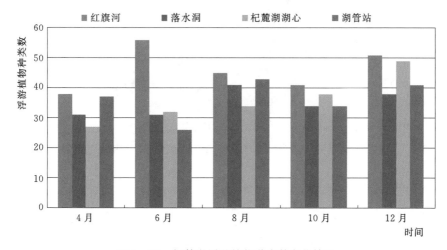

图 5-96　杞麓湖浮游植物种类数变化情况

从图 5-97 可以看到，杞麓湖各站点的浮游植物丰度为 $60\times10^5\sim7310\times10^5$ cells/L，平均为 2090×10^5 cells/L。其中杞麓湖湖心和湖管站两点远高于其他两个站点，并且在 6 月

达到最大值 $6760 \times 10^5 \sim 7310 \times 10^5 \, \mathrm{cells/L}$。杞麓湖湖心、湖管站两个站点的浮游植物丰度均大于 $100 \times 10^5 \, \mathrm{cells/L}$，显示其处于重度富营养化状态。

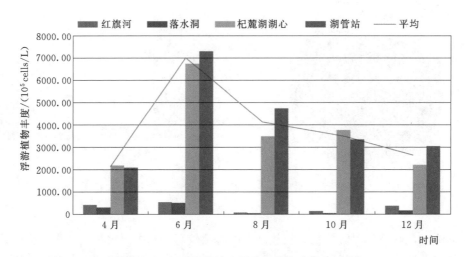

图 5-97　杞麓湖各站点浮游植物丰度变化情况

蓝藻门的颤藻是杞麓湖区的优势种类，这一种类在杞麓湖湖心和湖管站两站点丰度较高，水中大量藻团肉眼可见，由此可见这两个站点已发生了蓝藻水华。从图 5-98 中看到，颤藻丰度在 6 月达到最大值，这主要是因为该种类喜营养、喜高温，夏季水温较高以及杞麓湖中丰富的营养盐使其大量暴发。

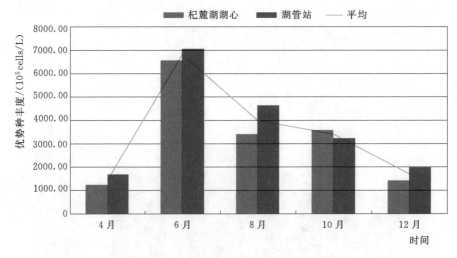

图 5-98　杞麓湖优势种颤藻丰度变化情况

从多样性的结果（图 5-99）可以看到，红旗河的多样性和均匀度较高，但其主要组成种类均为耐污种类，显示其有机污染和富营养化较严重；而杞麓湖湖心和湖管站由于蓝藻门的颤藻占有绝大的优势，因此多样性较低，生物指数显示这两个站点处于严重污染状态。

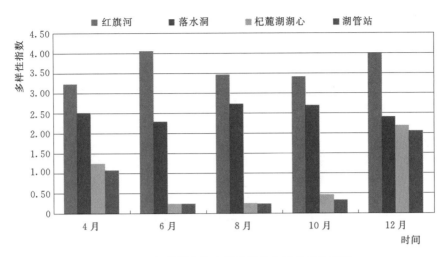

图 5-99　杞麓湖各站点浮游植物多样性变化情况

2. 浮游动物监测结果

从图 5-100 中可以看到，杞麓湖大多数站点的浮游动物组成主要以原生动物为主，其中纤毛虫占较大部分，部分占点有时会以轮虫为主。各站点的浮游动物优势种类主要为钟虫、膜袋虫、草履虫、萼花臂尾轮虫、角突臂尾轮虫、针簇多肢轮虫等中污染种类。

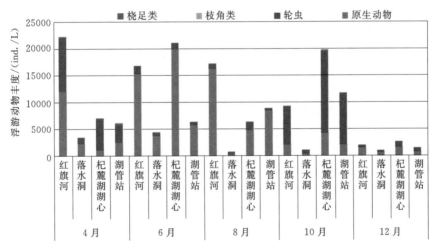

图 5-100　杞麓湖各站点浮游动物丰度组成

3. 底栖动物监测结果

杞麓湖各沿岸站点的底栖动物以寡毛纲生物数量较多，其中湖管站 6 月的寡毛纲生物密度达 10000ind./m² （图 5-101）。从采集到的底质类型来看，湖管站的底质为含有大量有机碎屑的淤泥，其中有机物的分解消耗大量氧气，因此只有需氧量较低的寡毛纲生物能在此占有优势。而红旗河则以囊螺、田螺、萝卜螺等腹足纲种类在生物量上占优势。

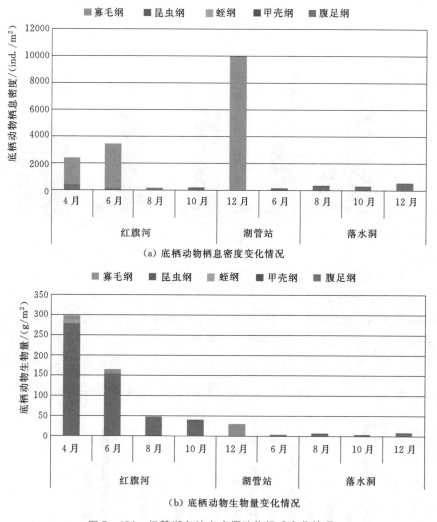

（a）底栖动物栖息密度变化情况

（b）底栖动物生物量变化情况

图 5－101　杞麓湖各站点底栖动物组成变化情况

5.5　异龙湖

5.5.1　水质监测结果

5.5.1.1　2012 年 2 月监测结果

异龙湖的监测结果同样显示其水质为劣Ⅴ类，未达标项目为溶解氧、高锰酸盐指数、五日生化需氧量、氨氮、总氮、总磷、挥发酚、阴离子表面活性剂、硫化物、粪大肠菌群，各项目超标情况见表 5－95。其中，大瑞城的超标倍数较高：大瑞城的入湖渠道经过湿地改造后已断流，其中污水基本不进入湖中。异龙湖西北和异龙湖湖心两站点的叶绿素含量非常高（90.9mg/m³、124.6mg/m³），显示这两个站点有大量的藻类生长。营养状态指数计算结果显示，异龙湖湖心和异龙湖西北都呈重度富营养化状态。

表 5 - 95　　　　　　　　　　　　　　异龙湖各站点监测项目超标情况

项 目	大瑞城	异龙湖西北	异龙湖湖心
溶解氧	0.94	/	/
高锰酸盐指数	2.08	0.97	1.33
五日生化需氧量	13.78	1.40	0.13
氨氮	13.00	/	/
总氮	20.40	2.49	3.09
总磷	23.40	/	/
挥发酚	6.62	/	/
阴离子表面活性剂	0.50	/	/
硫化物	0.78	/	/
粪大肠菌群	15.00	/	/

注　表中数据为各项目超标倍数，"/"表示未超标。

5.5.1.2　2012 年 4 月监测结果

异龙湖的监测结果显示其水质为劣Ⅴ类，未达标项目为高锰酸盐指数、五日生化需氧量、总氮，各项目超标情况见表 5 - 96。营养状态指数计算结果显示，异龙湖湖心和异龙湖西北都呈重度富营养化状态。

表 5 - 96　　　　　　　　　　　　　　异龙湖各站点监测项目超标情况

项 目	异龙湖西北	异龙湖湖心
高锰酸盐指数	2.88	3.20
五日生化需氧量	0.88	1.13
总氮	3.40	4.09

注　表中数据为各项目超标倍数，"/"表示未超标。

5.5.1.3　2012 年 6 月监测结果

异龙湖的监测结果显示其水质为劣Ⅴ类，以目标水质Ⅲ类进行评价，未达标项目为高锰酸盐指数、五日生化需氧量、总氮，各项目超标情况见表 5 - 97。营养状态指数计算结果显示，异龙湖湖心和异龙湖西北都呈轻度富营养化状态。

表 5 - 97　　　　　　　　　　　　　　异龙湖各站点监测项目超标情况

项 目	异龙湖西北	异龙湖湖心
高锰酸盐指数	5.73	5.70
五日生化需氧量	0.78	0.88
总氮	5.07	5.16

注　表中数据为各项目超标倍数，"/"表示未超标。

5.5.1.4　2012 年 8 月监测结果

异龙湖的监测结果显示其水质为劣Ⅴ类，以目标水质Ⅲ类进行评价，未达标项目为高锰酸盐指数、氨氮、总氮、总磷，各项目超标情况见表 5 - 98。营养状态指数计算结果显示，异龙湖湖心和异龙湖西北都呈轻度富营养化状态。

表 5 - 98　　　　　　　　异龙湖各站点监测项目超标情况

项　　目	异龙湖西北	异龙湖湖心
高锰酸盐指数	1.38	1.37
氨氮	0.25	/
总氮	6.74	6.52
总磷	0.25	/

注　表中数据为各项目超标倍数，"/"表示未超标。

5.5.1.5　2012 年 10 月监测结果

异龙湖的监测结果显示其水质为劣Ⅴ类，以目标水质Ⅲ类进行评价，未达标项目为高锰酸盐指数、总氮、总磷，各项目超标情况见表 5 - 99。营养状态指数计算结果显示，异龙湖湖心和异龙湖西北都呈轻度富营养化状态。

表 5 - 99　　　　　　　　异龙湖各站点监测项目超标情况

项　　目	异龙湖西北	异龙湖湖心
高锰酸盐指数	1.17	1.17
总氮	4.53	4.37
总磷	/	1.10

注　表中数据为各项目超标倍数，"/"表示未超标。

5.5.1.6　2012 年 12 月监测结果

异龙湖的监测结果显示其水质为劣Ⅴ类，以目标水质Ⅲ类进行评价，未达标项目为高锰盐钾指数、总氮，各项目超标情况见表 5 - 100。营养状态指数计算结果显示，异龙湖湖心和异龙湖西北都呈轻度富营养化状态。

表 5 - 100　　　　　　　　异龙湖各站点监测项目超标情况

项　　目	异龙湖西北	异龙湖湖心
高锰酸盐指数	1.35	2.12
总氮	4.18	4.15

注　表中数据为各项目超标倍数，"/"表示未超标。

5.5.1.7　年度变化趋势

异龙湖各站点的 5 次监测结果均显示劣Ⅴ类，未达标项目为高锰酸盐指数、五日生化需氧量、氨氮、总氮、总磷、阴离子表面活性剂、硫化物，各项目超标情况见表 5 - 102。其中，入湖河流大瑞城的各项目超标倍数较高，尤其是有机污染物和氮磷营养盐。因此，大瑞城给异龙湖输入大量有机污染物和营养盐。

异龙湖西北和异龙湖湖心两站点的叶绿素含量非常高，显示这两个站点有大量的藻类生长（图 5 - 103）。

营养状态指数计算结果显示，异龙湖湖心和异龙湖西北都呈中度—重度富营养化状态（图 5 - 104）。

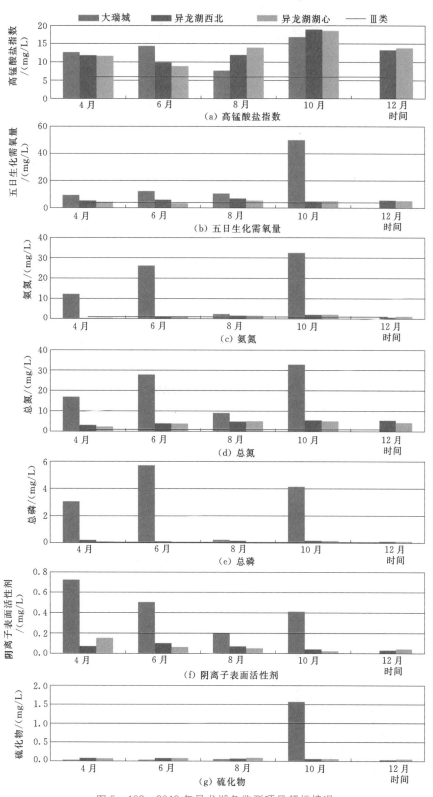

图 5-102 2012 年异龙湖各监测项目超标情况

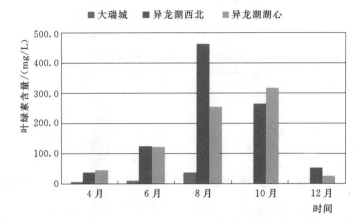

图 5-103 2012 年异龙湖各站点叶绿素变化情况

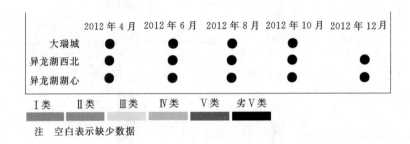

图 5-104 异龙湖水质等级变化情况

5.5.2 水生生物监测结果

5.5.2.1 2012 年 2 月水生生物监测结果

1. 浮游植物监测结果

异龙湖各站点共鉴定浮游植物 6 门 47 种，其中绿藻门 26 种，硅藻门 6 种，蓝藻门 10 种，裸藻门 2 种，甲藻门 2 种，隐藻门 1 种（图 5-105）。

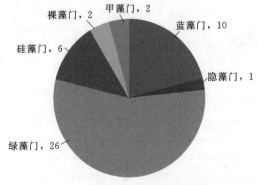

图 5-105 异龙湖浮游植物种类组成

从表 5-101 中可以看到，异龙湖各站点浮游植物种类数相差不大，其中以绿藻门种类最多，其次为蓝藻门、硅藻门。

从图 5-106 各站点的浮游植物丰度组成可以看到，异龙湖 2 个站点的浮游植物以蓝藻门占绝对优势。湖区两站点的浮游植物丰度远大于 $100 \times 10^5 \text{cells/L}$，显示其处于重度富营养化状态。

从表 5-102 可以看到，异龙湖湖区两站点和大瑞城的优势种类为蓝藻门的水华束丝藻。

表 5 - 101　异龙湖各站点浮游植物种类组成

门类	异龙湖湖心	异龙湖西北	合计
蓝藻门	10	9	10
隐藻门	1	1	1
绿藻门	23	22	26
硅藻门	6	5	6
裸藻门	1	1	2
甲藻门	2	2	2
总计	43	40	47

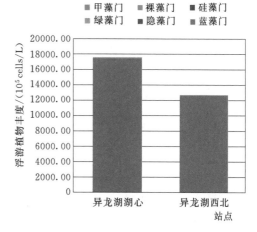

图 5 - 106　异龙湖各站点浮游植物丰度组成

表 5 - 102　　　　　　　　　异龙湖各站点浮游植物优势种类

种　　类	异龙湖湖心	异龙湖西北
水华束丝藻	83	85

注　表中数据为优势度，%。

从表 5 - 103 可以看到，异龙湖湖区两站点的多样性指数和均匀度指数较低，显示其处于重度污染状态。

表 5 - 103　　　　　　　异龙湖各站点浮游植物多样性指数和均匀度指数

项　　目	异龙湖湖心	异龙湖西北
多样性指数	0.82	0.73
均匀度指数	0.15	0.14

2. 浮游动物监测结果

异龙湖 3 个站点共鉴定浮游动物 15 种，其中原生动物 5 种，轮虫 7 种，枝角类 1 种，桡足类 2 种。

各站点的浮游动物以原生动物和轮虫丰度较高。其中，各站点的优势种类多以针簇多肢轮虫、膜袋虫、裂痕龟纹轮虫等种类为优势，这些种类多为中污—多污的指示种类。

3. 小结

异龙湖湖心和异龙湖西北两个站点的浮游植物丰度较高，达到了重度富营养化水平，以水华束丝藻、针簇多肢轮虫、膜袋虫、裂痕龟纹轮虫等富营养化指示种为优势种类。

5.5.2.2　2012 年 4 月水生生物监测结果

1. 浮游植物监测结果

异龙湖各站点共鉴定浮游植物 6 门 45 种，其中绿藻门 26 种，硅藻门 6 种，蓝藻门 8

种，裸藻门 2 种，甲藻门 2 种，隐藻门 1 种（图 5－107）。

从表 5－104 中可以看到，异龙湖各站点浮游植物种类数相差不大，其中以绿藻门种类最多，其次为蓝藻门、硅藻门。

表 5－104　　　　　　　　　　异龙湖各站点浮游植物种类组成

门 类	异龙湖湖心	异龙湖西北	合 计
蓝藻门	8	7	8
隐藻门	1	1	1
绿藻门	22	22	26
硅藻门	6	5	6
裸藻门	2	1	2
甲藻门	2	2	2
总 计	41	38	45

从图 5－108 各站点的浮游植物丰度组成可以看到，异龙湖湖区两站点的浮游植物以蓝藻门占绝对优势。湖区两站点的浮游植物丰度远大于 $100×10^5$ cells/L，显示其处于重度富营养化状态。

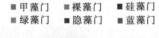

图 5－107　异龙湖浮游植物种类组成

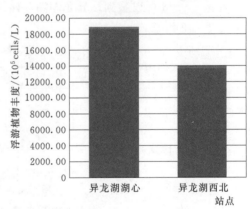

图 5－108　异龙湖各站点浮游植物丰度组成

从表 5－105 可以看到，异龙湖湖区两站点的优势种类为蓝藻门的水华束丝藻。

表 5－105　　　　　　　　　　异龙湖各站点浮游植物优势种类

种 类	异龙湖湖心	异龙湖西北
水华束丝藻	83	83

注　表中数据为优势度，%。

从表 5－106 可以看到，异龙湖湖区两站点的多样性指数和均匀度指数较低，显示其处于重度污染状态。

表 5-106   异龙湖各站点浮游植物多样性指数和均匀度指数

项　目	异龙湖湖心	异龙湖西北
多样性指数	0.88	0.88
均匀度指数	0.16	0.17

2. 浮游动物监测结果

异龙湖 3 个站点共鉴定浮游动物 14 种，其中原生动物 5 种，轮虫 6 种，枝角类 1 种，桡足类 2 种（图 5-109）。

各站点的浮游动物以原生动物和轮虫丰度较高（图 5-110）。其中，各站点的优势种类多以针簇多肢轮虫、草履虫、膜袋虫等种类为优势，这些种类多为中污—多污的指示种类。

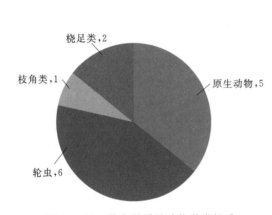

图 5-109　异龙湖浮游动物种类组成

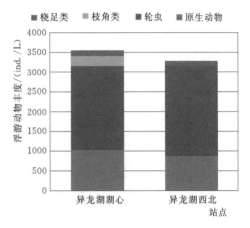

图 5-110　异龙湖浮游动物丰度组成

3. 小结

异龙湖湖心和异龙湖西北两个站点的浮游植物丰度较高，达到了重度富营养化水平，以水华束丝藻、针簇多肢轮虫、草履虫、膜袋虫等富营养化指示种为优势种类。

5.5.2.3　2012 年 6 月水生生物监测结果

1. 浮游植物监测结果

异龙湖各站点共鉴定浮游植物 6 门 43 种，其中绿藻门 23 种，硅藻门 7 种，蓝藻门 8 种，裸藻门 2 种，甲藻门 2 种，隐藻门 1 种（图 5-111）。

从表 5-107 中可以看到，异龙湖各站点浮游植物种类数相差不大，其中以绿藻门种类最多，其次为蓝藻门、硅藻门。

表 5-107   异龙湖各站点浮游植物种类组成

门　类	异龙湖湖心	异龙湖西北	合计
蓝藻门	8	7	8
隐藻门	1	1	1
绿藻门	17	20	23

续表

门 类	异龙湖湖心	异龙湖西北	合计
硅藻门	6	5	7
裸藻门	2	2	2
甲藻门	2	2	2
总计	36	37	43

从图 5-112 各站点的浮游植物丰度组成可以看到，异龙湖湖区两站点的浮游植物以蓝藻门占绝对优势。湖区两站点的浮游植物丰度远大于 $100 \times 10^5 \, \text{cells/L}$，显示其处于重度富营养化状态。

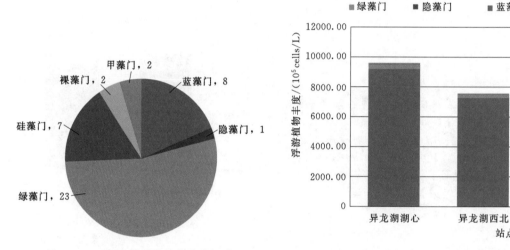

图 5-111 异龙湖浮游植物种类组成   图 5-112 异龙湖各站点浮游植物丰度组成

从表 5-108 可以看到，异龙湖湖区两站点的优势种类分别为蓝藻门的水华束丝藻。

表 5-108 异龙湖各站点浮游植物优势种类

种 类	异龙湖湖心	异龙湖西北
水华束丝藻	82	82

注 表中数据为优势度，%。

从表 5-109 可以看到，异龙湖湖区两站点的多样性指数和均匀度指数较低。

表 5-109 异龙湖各站点浮游植物多样性指数和均匀度指数

项 目	异龙湖湖心	异龙湖西北
多样性指数	1.13	1.07
均匀度指数	0.22	0.21

2. 浮游动物监测结果

异龙湖 3 个站点共鉴定后生浮游动物 6 种，其中轮虫 4 种，枝角类 1 种，桡足类 1 种（图 5-113）。

各站点的后生浮游动物以轮虫丰度较高（图 5－114）。其中，各站点的种类多以针簇多肢轮虫、草履虫、膜袋虫等，这些种类多为中污—多污的指示种类。

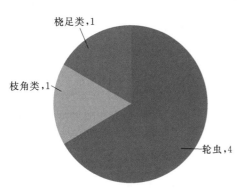

图 5－113　异龙湖浮游动物种类组成

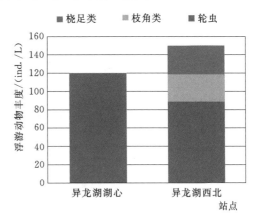

图 5－114　异龙湖浮游动物丰度组成

3. 小结

异龙湖湖心和异龙湖西北 2 个站点的浮游植物丰度较高，达到了重度富营养化水平，以水华束丝藻、针簇多肢轮虫、草履虫、膜袋虫等富营养化指示种为优势种类。

5.5.2.4　2012 年 8 月水生生物监测结果

1. 浮游植物监测结果

异龙湖各站点共鉴定浮游植物 6 门 45 种，其中绿藻门 19 种，硅藻门 15 种，蓝藻门 6 种，裸藻门 3 种，甲藻门 1 种，隐藻门 1 种（图 5－115）。

从表 5－110 中可以看到，异龙湖湖区两站点浮游植物种类数相差不大，其中以绿藻门种类最多，其次为蓝藻门、硅藻门。而坝心站点的硅藻门种类较多。

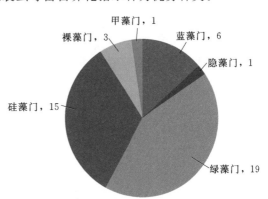

图 5－115　异龙湖浮游植物种类组成

表 5－110　　　　　　　　　　　异龙湖各站点浮游植物种类组成

项　　目	坝心	异龙湖湖心	异龙湖西北	合计
蓝藻门	2	5	5	6
隐藻门	0	1	1	1
绿藻门	1	16	15	19
硅藻门	12	10	5	15
裸藻门	3	1	1	3
甲藻门	0	1	0	1
总计	18	34	27	45

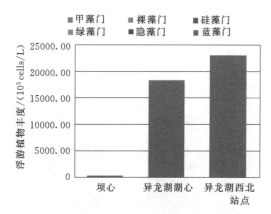

图 5-116　异龙湖各站点浮游植物丰度组成

从图 5-116 各站点的浮游植物丰度组成可以看到，异龙湖的浮游植物以蓝藻门占绝对优势。湖区两站点的浮游植物丰度远大于 $100×10^5$ cells/L，显示其处于重度富营养化状态。

从表 5-111 可以看到，异龙湖湖区两站点的优势种类分别为为蓝藻门的水华束丝藻，而坝心的优势种则为颤藻。

从表 5-112 可以看到，异龙湖湖区两站点的多样性指数和均匀度指数较低，显示其处于重度污染状态。

表 5-111　　　　　　　　异龙湖各站点浮游植物优势种类

种　类	坝心	异龙湖湖心	异龙湖西北
水华束丝藻		86	93
颤藻	57		

注　表中数据为优势度，%。

表 5-112　　　　　　异龙湖各站点浮游植物多样性指数和均匀度指数

项　目	坝心	异龙湖湖心	异龙湖西北
多样性指数	2.01	0.66	0.43
均匀度指数	0.48	0.13	0.09

2. 浮游动物监测结果

异龙湖 3 个站点共鉴定浮游动物 11 种，其中轮虫 7 种，枝角类 1 种，桡足类 3 种（图 5-117）。

湖区两站点的浮游动物以桡足类为优势种类（图 5-118）。其中，桡足类的无节幼体在湖中的数量较高，其次为红多肢轮虫、方形臂尾轮虫。

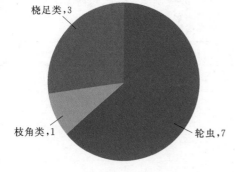

图 5-117　异龙湖浮游动物种类组成

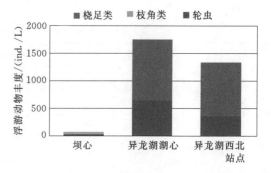

图 5-118　异龙湖浮游动物丰度组成

3. 小结

异龙湖湖心和异龙湖西北两个站点的浮游植物丰度较高，达到了重度富营养化水平，水华束丝藻在湖中占有绝对优势。

5.5.2.5 2012年10月水生生物监测结果

1. 浮游植物监测结果

异龙湖各站点共鉴定浮游植物6门47种，其中绿藻门26种，硅藻门9种，蓝藻门8种，裸藻门2种，甲藻门1种，隐藻门1种（图5-119）。

从表5-113中可以看到，异龙湖各站点浮游植物种类数相差不大，其中以绿藻门种类最多，其次为硅藻门、蓝藻门。

表 5-113　　　　　　　　　异龙湖各站点浮游植物种类组成

门类	湖坝心	异龙湖湖心	异龙湖西北	合计
蓝藻门	6	7	6	8
隐藻门	1	1	1	1
绿藻门	19	19	19	26
硅藻门	6	6	6	9
裸藻门	0	2	1	2
甲藻门	0	0	1	1
总计	32	35	34	47

从各站点的浮游植物丰度组成（图5-120）可以看到，异龙湖3个站点的浮游植物以蓝藻门占绝对优势。各点浮游植物丰度远大于100×10^5 cells/L，显示其处于重度富营养化状态。

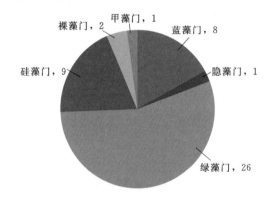

图5-119　异龙湖浮游植物种类组成

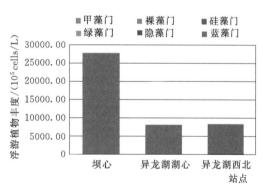

图5-120　异龙湖各站点浮游植物丰度组成

从表5-114可以看到，蓝藻门的水华束丝藻在异龙湖中占有绝对的优势。

表 5-114　　　　　　　　　异龙湖各站点浮游植物优势种类

种　类	坝心	异龙湖湖心	异龙湖西北
水华束丝藻	99	99	99

注　表中数据为优势度，%。

从表5-115可以看到，异龙湖湖区3站点的多样性指数和均匀度指数较低，显示其处于重度污染状态。

表 5 - 115 异龙湖各站点浮游植物多样性指数和均匀度指数

项 目	坝心	异龙湖湖心	异龙湖西北
多样性指数	0.06	0.19	0.07
均匀度指数	0.01	0.04	0.01

2. 浮游动物监测结果

异龙湖 3 个站点共鉴定后生浮游动物 14 种，其中轮虫 10 种，枝角类 1 种，桡足类 3 种（图 5 - 121）。

各站点的浮游动物轮虫丰度较高（图 5 - 122），中优势种类多以广布多肢轮虫、暗小异尾轮虫、萼花臂尾轮虫等种类为优势，这些种类多为中污—多污的指示种类。

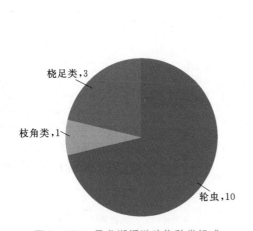

图 5 - 121 异龙湖浮游动物种类组成

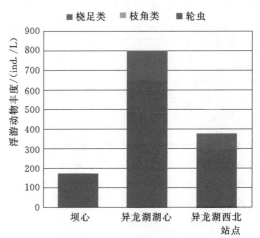

图 5 - 122 异龙湖浮游动物丰度组成

3. 小结

异龙湖 3 个监测站点中，异龙湖湖心和异龙湖西北两个站点的浮游植物丰度较高，达到了重度富营养化水平，以水华束丝藻、广布多肢轮虫、暗小异尾轮虫、萼花臂尾轮虫等富营养化指示种为优势种类。

5.5.2.6 2012 年 12 月水生生物监测结果

1. 浮游植物监测结果

异龙湖各站点共鉴定浮游植物 6 门 45 种，其中绿藻门 24 种，硅藻门 10 种，蓝藻门 7 种，裸藻门 2 种，甲藻门 1 种，隐藻门 1 种（图 5 - 123）。

从表 5 - 116 中可以看到，异龙湖各站点浮游植物种类数相差不大，其中以绿藻门种类最多，其次为硅藻门、蓝藻门。

从图 5 - 124 各站点的浮游植物丰度组成可以看到，异龙湖区两站点的浮游植物以蓝

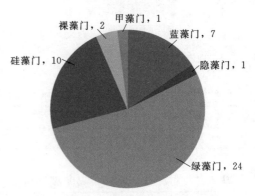

图 5 - 123 异龙湖浮游植物种类组成

藻门占绝对优势。湖区两站点的浮游植物丰度远大于 $100 \times 10^5 \, \text{cells/L}$，显示其处于重度富营养化状态。

表 5 - 116 异龙湖各站点浮游植物种类组成

门　类	异龙湖湖心	异龙湖西北	合计
蓝藻门	7	6	7
隐藻门	1	1	1
绿藻门	23	20	24
硅藻门	8	8	10
裸藻门	2	2	2
甲藻门	0	1	1
总计	41	38	45

从表 5 - 117 可以看到，异龙湖湖区两站点的优势种类分别为为蓝藻门的水华束丝藻和颤藻。

从表 5 - 118 可以看到，异龙湖湖区两站点的多样性和均匀度指数较低，显示其处于重度污染状态。

2. 浮游动物监测结果

异龙湖各站点共鉴定浮游动物 17 种，其中轮虫 12 种，枝角类 1 种，桡足类 4 种（图 5 - 125）。

各站点的轮虫丰度较高（图 5 - 126）。其中，优势种类为椎尾水轮虫、暗小异尾轮虫、广布多肢轮虫。

3. 小结

异龙湖湖心和异龙湖西北两个站点的浮游植物丰度较高，达到了重度富营养化水平，以水华束丝藻、颤藻等富营养化指示种为优势种类。

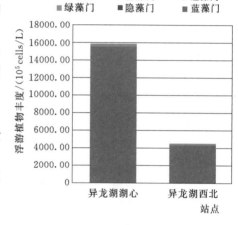

图 5 - 124　异龙湖各站点浮游植物丰度组成

表 5 - 117 异龙湖各站点浮游植物优势种类

种　类	异龙湖湖心	异龙湖西北
颤藻	29	13
水华束丝藻	67	83

注　表中数据为优势度，%。

表 5 - 118 异龙湖各站点浮游植物多样性指数和均匀度指数

项　目	异龙湖湖心	异龙湖西北
多样性指数	1.15	0.91
均匀度指数	0.22	0.17

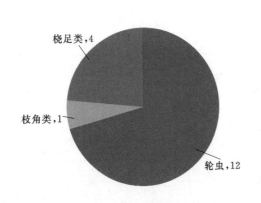

图 5 - 125 异龙湖浮游动物种类组成

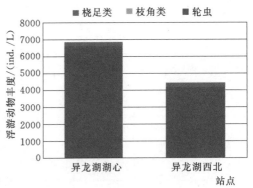

图 5 - 126 异龙湖浮游动物丰度组成

5.5.2.7 水生生物年度变化趋势

1. 浮游植物监测结果

异龙湖各站点共鉴定浮游植物 7 门 80 余种,其中绿藻门种类较多。异龙湖湖心和异龙湖西北两站点的浮游植物种类组成相似(图 5 - 127)。

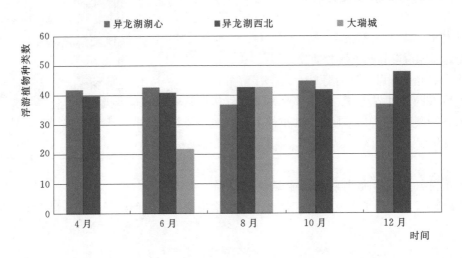

图 5 - 127 2012 年异龙湖各站点浮游植物种类数变化情况

从各站点的浮游植物丰度组成(图 5 - 128)可以看到,异龙湖湖区的浮游植物丰度为 $3030×10^5 \sim 50830×10^5$ cells/L,平均为 $1560×10^5$ cells/L;而入湖河流大瑞城的浮游植物丰度较低。湖区两站点的浮游植物丰度远大于 $100×10^5$ cells/L,显示其处于重度富营养化状态。

异龙湖湖区两站点的优势种类为蓝藻门的水华束丝藻。从图 5 - 129 可以看到,水华束丝藻的丰度在 8 月时达到最大值。而入湖河流大瑞城的浮游植物则以栅藻、微囊藻、裸藻等喜营养种类为优势。

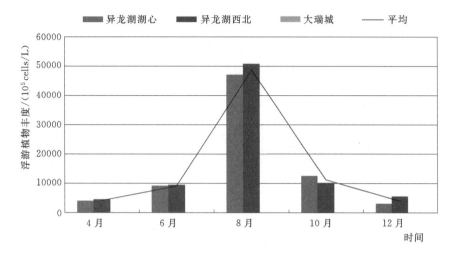

图 5 - 128 异龙湖各站点浮游植物丰度变化情况

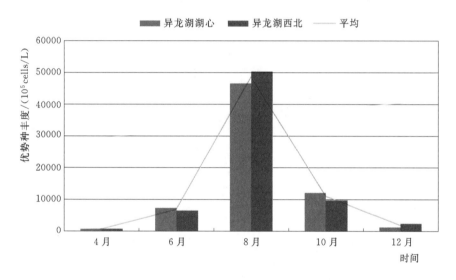

图 5 - 129 异龙湖优势种水华束丝藻丰度变化情况

从图 5 - 130 可以看到,随着水华束丝藻的优势度增加,异龙湖湖区两站点的多样性指数较低,显示其处于重度污染状态。

2. 浮游动物监测结果

从图 5 - 131 可以看到,异龙湖各站点的浮游动物以原生动物(纤毛虫)丰度较高。其中,各站点的优势种类多以原生动物的膜袋虫、游仆虫,后生动物的罗氏异尾轮虫、针簇多肢轮虫等种类为优势,这些种类多为中污—多污的指示种类。

3. 底栖动物监测结果

异龙湖大瑞城所采集到的底栖动物主要以昆虫纲的幽蚊、摇蚊、寡毛纲的生物为主,这些种类喜好有机质丰富的环境。

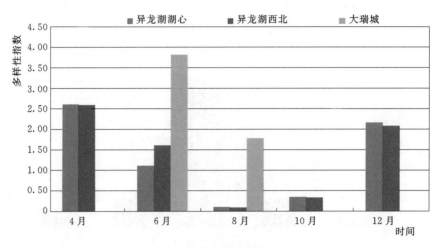

图 5-130 异龙湖各站点浮游植物多样性变化情况

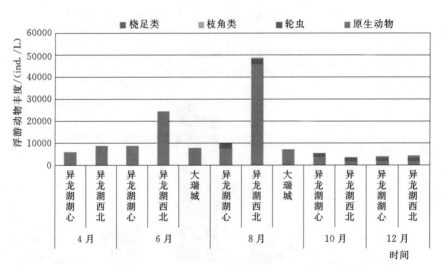

图 5-131 异龙湖浮游动物丰度组成

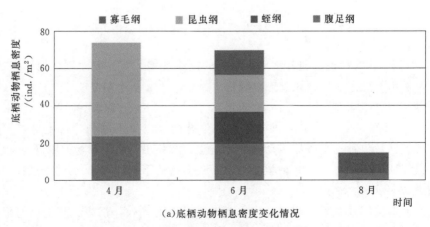

(a)底栖动物栖息密度变化情况

图 5-132 (一) 异龙湖大瑞城底栖动物组成变化情况

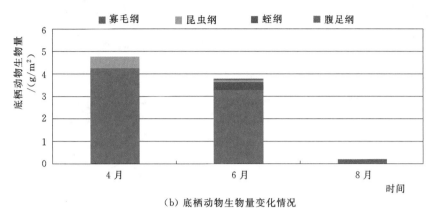

（b）底栖动物生物量变化情况

图 5－132（二）　异龙湖大瑞城底栖动物组成变化情况

第 6 章

高原湖泊健康评估体系构建

6.1 湖泊健康概念模型

影响湖泊健康的因素包括自然属性和社会属性两个方面的诸多因素。从维持湖泊基本特性的自然属性考虑，健康的湖泊应该是自然形态稳定、水体质量优良、生态系统平衡的湖泊，自然生态的完整性有助于自然生态系统具备一定的自我维持和自我恢复能力；从服务人类社会的社会属性考虑，服务功能的发挥是湖泊管理的主要目标，健康的湖泊还应该是服务功能健全的湖泊，能够提供防洪、供水、生态等多重利用功能。两者的有机统一有助于实现湖泊生态系统的良性循环与服务的持续供应，促进人与自然的和谐。简言之，湖泊的健康就是湖泊自然生态系统和社会服务功能两方面的互适和平衡发展。

为此，为健康湖泊给出如下的概念和内涵界定：

健康湖泊是在人类的开发利用和保护协调下，在湖泊自身对干扰的长期效应和恢复力的共同作用下，湖泊能保持自然形态稳定、水体质量优良、生态系统平衡的自然结构状态，具备健全的社会服务功能，满足人类社会的可持续发展需求，最终形成人类对湖泊的开发和保护维持良性循环的一种平衡状态。

根据健康湖泊的概念内涵分析，在进行湖泊健康管理时可以将健康湖泊概括成 4 个方面，即健康湖泊应是自然形态稳定、水体质量优良、生态系统平衡、服务功能健全的湖泊。这 4 个方面也有着各自的含义：

（1）自然形态稳定主要指湖泊自然形态方面应具备湖盆和湖岸形态稳定，泥沙淤积和沼泽化状况稳定，沿湖带下垫面状况良好，湖泊与出入湖河流连接通畅，具有自然适宜的湖流和水体置换速度等特征。

（2）水体质量优良主要指湖泊水体质量方面应能满足水体自净能力稳定，具备一定的缓冲能力，水质良好，能满足水功能区水质要求，能够满足生活、生产、生态用水的需求，富营养化程度得到抑制等要求。

（3）生态系统平衡主要指湖泊的生态系统需要满足生态系统结构和功能稳定，生物多样性丰富，在外部胁迫的状态下具备一定的自我维持和自我恢复能力。

（4）服务功能健全主要指湖泊应具有足够的调蓄能力，可满足防洪安全和保障饮用水安全的需要，具备一定的生态调节能力，在统筹经济社会发展和优化配置水资源开发利用的情况下能保持和发展渔业、养殖业、旅游业等诸多为人类服务的功能。

高原湖泊生态系统健康模型如图6-1所示。

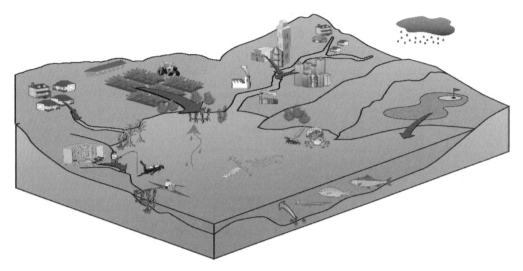

图6-1 高原湖泊生态系统健康模型

6.2 评估指标筛选

6.2.1 指标建立依据

在众多的生态系统健康的概念中，Costanza提出的概念得到广泛认可：①健康是生态内稳定现象；②健康是没有疾病的；③健康是多样性或复杂性；④健康是稳定性或可修复性；⑤健康是有活力或增长的空间；⑥健康是系统要素间的平衡。

本书以上述湖泊生态系统健康理论为基础，借鉴国外学者研究成果中提出的衡量一般生态系统健康的标准，结合珠江流域高原湖泊生态系统的特点，初步确定湖泊生态系统健康评估初始指标体系，采用主成分分析方法等多元统计方法定量筛选初始指标，去掉带有重复信息的指标，通过定性和定量分析相结合的方法，最终建立珠江流域高原湖泊健康评估指标体系，包括以下4个层次。

（1）理化结构：即湖泊水生态系统的物质基础，包括了生态系统的能量输入和营养物质循环容量，具体指标为生态系统的初级生产力和物质循环。在一定范围内生态系统的能量输入越多，物质循环越快，活力就越高，但能量越高的系统并不一定越健康。从高原湖泊流域范围内的社会经济发展来看，持续增加的有机污染和营养物质输入是引起湖泊功能退化的主要原因。

（2）生物结构：即生态系统结构的复杂性。湖泊生态系统的生物结构及其复杂性特征会随生态系统的演替而发生变化。但一般的趋势是，随着物种多样性及其相互作用（如共生、互利共生和竞争）复杂性的提高，生态系统的组织就越健康。抚仙湖作为贫营养湖泊，其生物结构仍具有较高的多样性，但从近年的研究成果来看，其物质基础的改变所产生的上行效应使其生物结构发生了变化。

（3）物理形态：反映湖泊生态系统的外部物理结构及功能。湖泊物理形态决定了其生态系统的脆弱性，对维持湖泊健康状态有显著影响。

（4）流域开发利用：一方面，反映了湖泊对流域范围内人类社会发展的生态服务功能；另一方面，反映了在湖泊流域尺度上由于开发利用带来的外部干扰程度。一般来说，湖泊在受到其耐受范围内的干扰下，其生态系统恢复力能保证其恢复到健康状态；但随着干扰持续增强，生态系统内的功能和结构将受到破坏。高原湖泊范围内正处于经济快速发展的时期，流域范围内的开发利用是湖泊的重要干扰源之一。

6.2.2　指标设置原则

1. 目的性原则

湖泊健康评估的目的是为了辨识湖泊系统的现状、发展趋势，防止系统退化，在湖泊自身结构变化与外界持续干扰的情况下提出新的对策来规范开发利用活动，为湖泊生态恢复及管理提供基础，从而促进湖泊系统健康的提高。

2. 整体性原则

从湖泊整体概念出发，将其共性问题提取出来进行评价。本书从系统结构、功能整体上选取指标对高原湖泊健康状况进行综合评价。

3. 时空性原则

湖泊健康评估具有时空尺度特征。湖泊系统受自身演替规律和外部环境变化的影响，会随着时间而不断变化，进而湖泊健康的表现行为也不相同，所以对湖泊健康所进行的评价往往针对特定的时间尺度；就空间扩展而言，湖泊具有生物个体、生物群落、区域生态系统和全球生态系统等不同尺度水平，着眼点不同，湖泊健康的衡量方式和研究形式也就有所差异。本书在多年的高原湖泊水质、生物状况的生态监测基础上，兼顾生物个体及群落和流域生态系统等尺度水平，开展湖泊健康评估。

4. 定性与定量相结合原则

目前对湖泊健康的界定，往往涉及一系列指标，一方面，有些指标还很难做到完全的定量化，只能采用定性描述；另一方面，这些描述性指标又不失其内在科学性。在这种情况下，定性指标与定量指标有效结合，能更全面准确地衡量出湖泊系统的健康状态，因此本书在选取指标时涉及定性与定量两个方面。同时，指标选取时，其科学性、系统性、动态性、可操作性、区域性、引导性、可评价性、可比性、空间性、敏感性、独立性、层次性、相关性、完备性、简易性、代表性、稳定性以及动态与静态相结合、数量和质量相结合，也是在进行指标选择中所应考虑的一些因素。

6.2.3　初步构建指标体系

基于湖泊生态系统健康理论，根据珠江流域高原湖泊的水生生态系统及流域社会经济发展特性，初步筛选出代表高原湖泊水生态健康状态的若干特征指标，见表 6-1。

表 6-1   珠江流域高原湖泊健康评估初步指标体系

目标层	结构层	指标层	数据来源
珠江流域高原湖泊健康评估体系	理化结构	溶解氧	2008—2013 年生态监测成果
		高锰酸盐指数	
		五日生化需氧量	
		氨氮	
		气温	
		水温	
		硝酸盐氮	
		亚硝酸盐氮	
		总氮	
		总磷	
		叶绿素 a	
		透明度	
	生物结构	藻类总数	2008—2013 年生态监测成果
		藻类种类数	
		藻类多样性	
		蓝藻	
		绿藻	
		硅藻	
		浮游动物丰度	
		浮游动物种类	
		底栖动物密度	
		底栖动物生物量	
		土著鱼类种类数	
		主要沉水植物群丛类型	文献[1]
	物理形态	湖面积	湖泊概况
		流域面积	
		岸线长	
		海拔	
		平均水深	
		最大水深	
		蓄水量	
	流域开发利用	耕地比例	文献[2]
		园地比例	
		有林地比例	
		城镇村比例	

续表

目标层	结构层	指 标 层	数据来源
珠江流域高原湖泊健康评估体系	流域开发利用	特殊用地比例	文献[2]
		湿地比例	
		牧草地比例	
		流域人口	年鉴
		流域产值	
		森林覆盖率	文献[3]

注 1 沈亚强，王海军，刘学勤. 滇中五湖水生植物区系及沉水植物群落特征 [J]. 长江流域资源与环境，2010，19 (S1)：111-119.

2 张洪，陈震，张帅. 云南高原湖泊流域土地利用与水质变化异质性分析 [J]. 资源开发与市场，2011，27 (7)：646-650, 672.

3 李春卉，张世涛，叶许春. 云南高原湖泊面临的保护与开发问题 [J]. 云南地质，2005 (4)：462-470.

6.3　指标度量与筛选

要进行高原湖泊生态健康评估，需从上述初步指标体系中选出能代表高原湖泊生态健康的指标，因此本书拟采用主成分分析和相关分析两种方法对 41 个初步指标进行筛选，去除其中的重复信息，最终获得高原湖泊水生态健康指标体系。

6.3.1　指标筛选方法

6.3.1.1　相关分析

1. Pearson（皮尔逊）积矩相关分析

Pearson 积矩相关系数用于度量两个变量 X 和 Y 之间的相关程度（线性相关），其值介于 $-1\sim 1$。在自然科学领域中，该系数广泛用于度量两个变量之间的相关程度。总体和样本 Pearson 积矩相关系数的绝对值小于或等于 1。如果样本数据点精确地落在直线上（计算样本 Pearson 积矩相关系数的情况），或者双变量分布完全在直线上（计算总体 Pearson 积矩相关系数的情况），则相关系数等于 1 或 -1。Pearson 积矩相关系数是对称的：$\mathrm{corr}(X,Y)=\mathrm{corr}(Y,X)$。Pearson 积矩相关系数的变化范围为 $-1\sim 1$。系数的值为 1 意味着 X 和 Y 可以很好地由直线方程来描述，所有的数据点都很好地落在一条直线上，且 Y 随着 X 的增加而增加。系数的值为 -1 意味着所有的数据点都落在直线上，且 Y 随着 X 的增加而减少。系数的值为 0 意味着两个变量之间没有线性关系。

两个变量之间的 Pearson 积矩相关系数定义为两个变量之间的协方差和标准差的商：

$$\rho_{X,Y}=\frac{\mathrm{cov}(X,Y)}{\sigma_X\sigma_Y}=\frac{E\big[(X-\mu_X)(Y-\mu_Y)\big]}{\sigma_X\sigma_Y} \qquad (6-1)$$

基于样本对协方差和标准差进行估计，可以得到样本相关系数：

$$r=\frac{\sum_{i=1}^{n}(X_i-\overline{X})(Y_i-\overline{Y})}{\sqrt{\sum_{i=1}^{n}(X_i-\overline{X})^2}\sqrt{\sum_{i=1}^{n}(Y_i-\overline{Y})^2}} \qquad (6-2)$$

式中　$\overline{X}$——样本平均值；

σ_X——样本标准差。

Pearson 积矩相关系数的数值与变量间相关性的大小解释见表 6-2。

表 6-2 相关系数与相关性大小对照表

相关性	负	正
无	$-0.09\sim0.0$	$0.0\sim0.09$
弱	$-0.3\sim-0.1$	$0.1\sim0.3$
中	$-0.5\sim-0.3$	$0.3\sim0.5$
强	$-1.0\sim-0.5$	$0.5\sim1.0$

2. Kendall（肯德尔）秩相关系数

Kendall 秩相关系数（τ）是一个统计上用于描述两组测量值之间相关性的系数，属于非参数指标。

如果排列双方的排名是完美的（即两个排名是相同的），其系数的价值为 1；如果两排列之间的分歧排名是完美的（即一个排名是扭转其他）其系数价值为 −1；对于所有其他的值介于 −1~1 排列，增加值意味着增加之间排列的排名。如果排名是完全独立的，该系数值为 0 的平均水平。

$$\tau = \frac{2P}{\frac{1}{2}n(n-1)} - 1 = \frac{4P}{n(n-1)} - 1 \tag{6-3}$$

式中　n——项目的数量；

　　　P——将所有的项目按照第一个分量排序后，第二个分量的排序能保持与第一个分量一致的大小顺序的数对个数之和。

3. Spearman（斯皮尔曼）等级相关系数

Spearman 等级相关系数（ρ）是衡量两个变量的依赖性的非参数指标。它利用单调方程评价两个统计变量的相关性。如果数据中没有重复值，并且当两个变量完全单调相关时，Spearman 相关系数则为 +1 或 −1。

$$\rho = \frac{\sum_i (x_i - \overline{x})(y_i - \overline{y})}{\sqrt{\sum_i (x_i - \overline{x})^2 \sum_i (y_i - \overline{y})^2}} \tag{6-4}$$

简化后，令 $d_i = x_i - y_i$，则

$$\rho = 1 - \frac{6\sum d_i^2}{n(n^2 - 1)} \tag{6-5}$$

式中　x_i、y_i——变量；

　　　$\overline{x}$、$\overline{y}$——变量均值；

　　　n——样本量。

6.3.1.2　主成分分析

上述拟采用多个指标阐述高原湖泊水生态健康状态，但不能确保这些指标之间是相互独立的，它们之间多少存在着相关性。为了对湖泊水生态系统健康做深入了解，对生态系统实施有效的管理措施，需要对这些指标之间的相关关系进行研究，找出主要矛盾，把握

影响湖泊生态系统健康的主要因素。另外，如何科学地量化各个指标的权重，减少主观性，避免造成最终结果的较大误差，也是必须注重的问题。主成分分析正是在这两方面显示了其独特的作用。

主成分分析是采取一种数学降维的方法，找出几个综合变量来代替原来众多的变量，使这些综合变量能尽可能地代表原来变量的信息量，而且彼此之间互不相关。这种把多个变量化为少数几个互相无关的综合变量的统计分析方法就叫作主成分分析或主分量分析。

主成分分析所要做的就是设法将原来众多具有一定相关性的变量，重新组合为一组新的相互无关的综合变量来代替原来变量。通常，数学上的处理方法就是将原来的变量做线性组合，作为新的综合变量，这种组合如果不加以限制，则可以有很多，应该如何选择呢？如果将选取的第一个线性组合即第一个综合变量记为 F_1，希望它尽可能多地反映原来变量的信息，这里"信息"用方差来测量，即希望 $\text{var}(F_1)$ 越大，表示 F_1 包含的信息越多。因此在所有的线性组合中所选取的 F_1 应该是方差最大的，故称 F_1 为第一主成分。如果第一主成分不足以代表原来 p 个变量的信息，再考虑选取 F_2 即第二个线性组合，为了有效地反映原来信息，F_1 已有的信息就不需要再出现在 F_2 中，用数学语言表达就是要求 $\text{cov}(F_1, F_2)=0$，称 F_2 为第二主成分，依此类推可以构造出第三个、第四个……第 p 个主成分。

主成分分析的计算步骤如下。

样本观测数据矩阵为

$$X = \begin{bmatrix} x_{11} & x_{12} & \cdots & x_{1p} \\ x_{21} & x_{22} & \cdots & x_{2p} \\ \vdots & \vdots & \vdots & \vdots \\ x_{n1} & x_{n2} & \cdots & x_{np} \end{bmatrix} \tag{6-6}$$

第一步：对原始数据进行标准化处理。

$$x_{ij}^* = \frac{x_{ij} - \overline{x}_j}{\sqrt{\text{var}(x_j)}} \quad (i=1,2,\cdots,n; j=1,2,\cdots,p) \tag{6-7}$$

其中

$$\overline{x}_j = \frac{1}{n}\sum_{i=1}^{n} x_{ij}$$

$$\text{var}(x_j) = \frac{1}{n-1}\sum_{i=1}^{n} (x_{ij} - \overline{x}_j)^2$$
$$(j=1,2,\cdots,p)$$

第二步：计算样本相关系数矩阵。

$$R = \begin{bmatrix} r_{11} & r_{12} & \cdots & r_{1p} \\ r_{21} & r_{22} & \cdots & r_{2p} \\ \vdots & \vdots & \cdots & \vdots \\ r_{p1} & r_{p2} & \cdots & r_{pp} \end{bmatrix} \tag{6-8}$$

为方便，假定原始数据标准化后仍用 x 表示，则经标准化处理后的数据的相关系数为

$$r_{ij} = \frac{1}{n-1}\sum_{t=1}^{n} x_{ti} x_{tj} \quad (i,j=1,2,\cdots,p) \tag{6-9}$$

第三步：用雅克比方法求相关系数矩阵 R 的特征值（λ_1，λ_2，$\cdots$，λ_p）和相应的特征向量 $\boldsymbol{a}_i = (a_{i1}$，$a_{i2}$，$\cdots$，$a_{ip})$，$i = 1$，$2, \cdots$，$p$。

第四步：选择重要的主成分，并写出主成分表达式。

主成分分析可以得到 p 个主成分，但是，由于各个主成分的方差是递减的，包含的信息量也是递减的，所以实际分析时，一般不是选取 p 个主成分，而是根据各个主成分累计贡献率的大小选取前 k 个主成分，这里贡献率是指某个主成分的方差占全部方差的比重，实际也就是某个特征值占全部特征值合计的比重。即

$$贡献率 = \frac{\lambda_i}{\sum\limits_{i=1}^{p} \lambda_i} \tag{6-10}$$

贡献率越大，说明该主成分所包含的原始变量的信息越强。主成分个数 k 的选取，主要根据主成分的累积贡献率来决定，一般要求累计贡献率达到 85% 以上，这样才能保证综合变量能包括原始变量的绝大多数信息。

另外，在实际应用中，选择了重要的主成分后，还要注意主成分实际含义解释。主成分分析中一个很关键的问题是如何给主成分赋予新的意义，给出合理的解释。一般而言，这个解释是根据主成分表达式的系数结合定性分析来进行的。主成分是原来变量的线性组合，在这个线性组合中变量的系数有大有小，有正有负，因而不能简单地认为这个主成分是某个原变量的属性的作用，线性组合中各变量系数的绝对值大者，表明该主成分主要综合了绝对值大的变量，有几个变量系数大小相当时，应认为这一主成分是这几个变量的总和，这几个变量综合在一起应赋予怎样的实际意义，这要结合具体实际问题和专业，给出恰当的解释，进而才能达到深刻分析的目的。

第五步：计算主成分得分。

根据标准化的原始数据，按照各个样品，分别代入主成分表达式，就可以得到各主成分下的各个样品的新数据，即为主成分得分。具体形式如下：

$$\begin{pmatrix} F_{11} & F_{12} & \cdots & F_{1k} \\ F_{21} & F_{22} & \cdots & F_{2k} \\ \vdots & \vdots & \vdots & \vdots \\ F_{n1} & F_{n2} & \cdots & F_{nk} \end{pmatrix} \tag{6-11}$$

第六步：依据主成分得分的数据，可以进行进一步的统计分析。其中，常见的应用有主成分回归、变量子集合的选择、综合评价等。

6.3.2 筛选过程

最终指标的筛选将结合上述两种多元统计方法进行。首先使用相关分析对各初始指标之间的相关性进行分析，找出之间有较高相关性的指标；同时进行主成分分析，计算出对数据方差贡献率较高的成分，并筛选出在这些成分上有较高载荷的指标；最后结合数理分析，得出最终指标体系。

对初始指标的相关分析结果见表 6-3。表中加粗字体表示两指标之间的相关性较高。

表 6 - 3　　　　　　　　　　　　　　　　　　　　　　　　　　　　　　　　　　初始指标之间

	Vt1	Vt2	Vt3	Vt4	Vt5	Vt6	Vt7	Vt8	Vt9	Vt10	Vt11	Vt12	Vt13	Vt14	Vt15	Vt16	Vt17	Vt18	Vt19	Vt20
Vt1	1	-0.81	-0.89	-0.7	0.05	-0.46	-0.01	0.02	-0.43	-0.76	-0.19	0.81	-0.01	-0.05	-0.68	0.72	-0.22	0.13	-0.17	0.09
Vt2	-0.81	1	**0.95**	0.85	0.3	0.61	-0.29	0.06	0.3	0.84	0.42	-0.8	-0.37	0.44	0.56	-0.58	0.32	-0.27	0.15	0.16
Vt3	-0.89	**0.95**	1	**0.9**	0	0.4	0	0.26	0.55	0.8	0.33	-0.89	-0.07	0.23	0.75	-0.75	0.14	-0.01	0.38	0.27
Vt4	-0.7	0.85	**0.9**	1	-0.08	0.31	0.09	0.41	0.64	0.48	0.01	-0.67	-0.02	0.42	0.6	-0.55	0.23	0.14	0.48	0.34
Vt5	0.05	0.3	0	-0.08	1	0.82	**-1**	-0.72	-0.8	0.28	0.33	0.19	**-0.99**	0.71	-0.54	0.47	0.69	**-0.93**	-0.79	-0.46
Vt6	-0.46	0.61	0.4	0.31	0.82	1	-0.85	-0.71	-0.49	0.47	0.13	-0.11	-0.84	0.75	-0.24	0.17	0.87	-0.9	-0.67	-0.6
Vt7	-0.01	-0.29	0	0.09	**-1**	-0.85	1	0.78	0.81	-0.28	-0.3	-0.19	**0.99**	-0.7	0.55	-0.47	-0.73	**0.96**	0.83	0.53
Vt8	0.02	0.06	0.26	0.41	-0.72	-0.71	0.78	1	0.86	-0.05	0.02	-0.39	0.68	-0.34	0.63	-0.53	-0.69	**0.91**	**0.98**	**0.92**
Vt9	-0.43	0.3	0.55	0.64	-0.8	-0.49	0.81	0.86	1	0.14	-0.12	-0.6	0.74	-0.34	0.82	-0.74	-0.48	0.82	**0.94**	0.66
Vt10	-0.76	0.84	0.8	0.48	0.28	0.47	-0.28	-0.05	0.14	1	0.77	-0.87	-0.29	0.02	0.64	-0.72	0	-0.29	0.06	0.15
Vt11	-0.19	0.42	0.33	0.01	0.33	0.13	-0.3	0.02	-0.12	0.77	1	-0.58	-0.31	-0.18	0.4	-0.47	-0.34	-0.2	0.02	0.36
Vt12	0.81	-0.8	-0.89	-0.67	0.19	-0.11	-0.19	-0.39	-0.6	-0.87	-0.58	1	-0.15	0.19	**-0.93**	**0.95**	0.27	-0.18	-0.52	-0.45
Vt13	-0.01	-0.37	-0.07	-0.02	**-0.99**	-0.84	**0.99**	0.68	0.74	-0.29	-0.31	-0.15	1	-0.78	0.5	-0.45	-0.72	0.91	0.74	0.42
Vt14	-0.05	0.44	0.23	0.42	0.71	0.75	-0.7	-0.34	-0.34	0.02	-0.18	0.19	-0.78	1	-0.44	0.46	0.85	-0.6	-0.42	-0.27
Vt15	-0.68	0.56	0.75	0.6	-0.54	-0.24	0.55	0.63	0.82	0.64	0.4	**-0.93**	0.5	-0.44	1	**-0.99**	-0.52	0.52	0.76	0.6
Vt16	0.72	-0.58	-0.75	-0.55	0.47	0.17	-0.47	-0.53	-0.74	-0.72	-0.47	**0.95**	-0.45	0.46	**-0.99**	1	0.5	-0.43	-0.67	-0.51
Vt17	-0.22	0.32	0.14	0.23	0.69	0.87	-0.73	-0.69	-0.48	0	-0.34	0.27	-0.72	0.85	-0.52	0.5	1	-0.78	-0.68	-0.71
Vt18	0.13	-0.27	-0.01	0.14	**-0.93**	-0.9	**0.96**	**0.91**	0.82	-0.29	-0.2	-0.18	**0.91**	-0.6	0.52	-0.43	-0.78	1	**0.91**	0.73
Vt19	-0.17	0.15	0.38	0.48	-0.79	-0.67	0.83	**0.98**	**0.94**	0.06	0.02	-0.52	0.74	-0.42	0.76	-0.67	-0.68	**0.91**	1	0.86
Vt20	0.09	0.16	0.27	0.34	-0.46	-0.6	0.53	**0.92**	0.66	0.15	0.36	-0.45	0.42	-0.27	0.6	-0.51	-0.71	0.73	0.86	1
Vt21	-0.16	0.03	0.24	0.12	-0.73	-0.72	0.76	0.77	0.72	0.27	0.4	-0.6	0.74	-0.78	0.81	-0.79	**-0.92**	0.78	0.82	0.76
Vt22	0.81	-0.89	**-0.97**	-0.86	0.13	-0.2	-0.14	-0.44	-0.65	-0.8	-0.43	**0.95**	-0.06	-0.06	-0.86	0.86	0.09	-0.17	-0.54	-0.47
Vt23	0.22	0.14	0.2	0.36	-0.31	-0.51	0.4	0.87	0.55	0.03	0.28	-0.3	0.27	-0.06	0.42	-0.32	-0.56	0.64	0.77	**0.97**
Vt24	0.79	-0.78	-0.88	-0.66	0.21	-0.07	-0.22	-0.41	-0.62	-0.86	-0.58	1	-0.18	0.22	**-0.94**	**0.96**	0.3	-0.21	-0.54	-0.47
Vt25	0.79	-0.69	-0.84	-0.64	0.38	0.05	-0.38	-0.48	-0.72	-0.78	-0.48	**0.98**	-0.34	0.33	**-0.98**	**0.99**	0.38	-0.34	-0.62	-0.48
Vt26	0.63	-0.36	-0.61	-0.5	0.73	0.39	-0.73	-0.65	-0.88	-0.44	-0.17	0.8	-0.71	0.57	**-0.96**	**0.94**	0.57	-0.66	-0.8	-0.52
Vt27	0.39	-0.34	-0.51	-0.3	0.51	0.44	-0.54	-0.66	-0.67	-0.59	-0.61	0.82	-0.5	0.62	**-0.92**	**0.91**	0.77	-0.57	-0.74	-0.73
Vt28	0.71	-0.63	-0.57	-0.57	-0.36	-0.82	0.41	0.46	0.03	-0.34	0.26	0.22	0.41	-0.61	-0.01	0.04	-0.83	0.54	0.34	0.57
Vt29	0.8	-0.8	-0.9	-0.69	0.19	-0.1	-0.2	-0.41	-0.62	-0.87	-0.57	1	-0.15	0.18	**-0.93**	**0.95**	0.27	-0.19	-0.53	-0.46
Vt30	0.8	-0.77	-0.88	-0.67	0.24	-0.06	-0.24	-0.43	-0.64	-0.85	-0.56	1	-0.2	0.22	**-0.94**	**0.96**	0.31	-0.22	-0.56	-0.48
Vt31	0.78	-0.7	-0.84	-0.64	0.35	0.04	-0.35	-0.48	-0.7	-0.79	-0.51	**0.99**	-0.31	0.32	**-0.97**	**0.99**	0.38	-0.32	-0.61	-0.49
Vt32	0.54	-0.66	-0.76	**-0.96**	0.26	-0.11	-0.28	-0.56	-0.74	-0.22	0.22	0.51	-0.16	-0.38	-0.53	0.44	-0.16	-0.33	-0.6	-0.41
Vt33	0.53	-0.36	-0.38	-0.54	-0.04	-0.52	0.1	0.24	-0.16	0.05	0.65	0	0.1	-0.53	0.06	-0.08	-0.74	0.23	0.15	0.5
Vt34	-0.63	0.77	0.8	**0.96**	0.01	0.41	-0.01	0.27	0.52	0.31	-0.2	-0.47	-0.11	0.59	0.38	-0.32	0.44	0.02	0.33	0.16
Vt35	0.74	-0.61	-0.67	-0.78	0.06	-0.48	-0.02	0.02	-0.41	-0.21	0.44	0.33	0.02	-0.45	-0.27	0.25	-0.58	0.09	-0.1	0.25
Vt36	0.68	-0.89	-0.75	-0.66	-0.64	-0.9	0.65	0.35	0.11	-0.7	-0.3	0.48	0.69	-0.7	-0.15	0.2	-0.68	0.64	0.29	0.23
Vt37	-0.35	0.7	0.57	0.32	0.48	0.38	-0.44	0.02	-0.06	0.86	**0.93**	-0.67	-0.49	0.16	0.41	-0.46	-0.07	-0.31	0.02	0.35
Vt38	0.01	-0.47	-0.18	-0.13	**-0.96**	-0.77	**0.93**	0.49	0.62	-0.4	-0.46	0	**0.97**	-0.75	0.35	-0.31	-0.59	0.8	0.58	0.19
Vt39	-0.04	0.47	0.24	0.04	0.77	0.5	-0.73	-0.27	-0.46	0.63	0.84	-0.28	-0.76	0.35	-0.03	-0.04	0.14	-0.58	-0.34	0.11
Vt40	0.19	0.22	0.24	0.31	-0.16	-0.41	0.24	0.77	0.42	0.2	0.49	-0.37	0.12	-0.05	0.42	-0.35	-0.56	0.49	0.66	**0.95**
Vt41	0.69	-0.7	-0.63	-0.67	-0.39	-0.82	0.43	0.37	-0.01	-0.35	0.24	0.24	0.45	-0.7	-0.03	0.04	-0.83	0.52	0.27	0.46

的相关系数

Vt21	Vt22	Vt23	Vt24	Vt25	Vt26	Vt27	Vt28	Vt29	Vt30	Vt31	Vt32	Vt33	Vt34	Vt35	Vt36	Vt37	Vt38	Vt39	Vt40	Vt41
-0.16	0.81	0.22	0.79	0.79	0.63	0.39	0.71	0.8	0.8	0.78	0.54	0.53	-0.63	0.74	0.68	-0.35	0.01	-0.04	0.19	0.69
0.03	-0.89	0.14	-0.78	-0.69	-0.36	-0.34	-0.63	-0.8	-0.77	-0.7	-0.66	-0.36	0.77	-0.61	-0.89	0.7	-0.47	0.47	0.22	-0.7
0.24	**-0.97**	0.2	-0.88	-0.84	-0.61	-0.51	-0.57	-0.9	-0.88	-0.84	-0.76	-0.38	0.8	-0.67	-0.75	0.57	-0.18	0.24	0.24	-0.63
0.12	-0.86	0.36	-0.66	-0.64	-0.5	-0.3	-0.57	-0.69	-0.67	-0.64	**-0.96**	-0.54	**0.96**	-0.78	-0.66	0.32	-0.13	0.04	0.31	-0.67
-0.73	0.13	-0.31	0.21	0.38	0.73	0.51	-0.36	0.19	0.24	0.35	0.26	-0.04	0.01	0.06	-0.64	0.48	**-0.96**	0.77	-0.16	-0.39
-0.72	-0.2	-0.51	-0.07	0.05	0.39	0.44	-0.82	-0.1	-0.06	0.04	-0.11	-0.52	0.41	-0.48	-0.9	0.38	-0.77	0.5	-0.41	-0.82
0.76	-0.14	0.4	-0.22	-0.38	-0.73	-0.54	0.41	-0.2	-0.24	-0.35	-0.28	0.1	-0.01	-0.02	0.65	-0.44	**0.93**	-0.73	0.24	0.43
0.77	-0.44	0.87	-0.41	-0.48	-0.65	-0.66	0.46	-0.41	-0.43	-0.48	-0.56	0.24	0.27	0.02	0.35	0.2	0.49	-0.27	0.77	0.37
0.72	-0.65	0.55	-0.62	-0.72	-0.88	-0.67	0.03	-0.62	-0.64	-0.7	-0.74	-0.16	0.52	-0.41	0.11	-0.06	0.62	-0.46	0.42	-0.01
0.27	-0.8	0.03	-0.86	-0.78	-0.44	-0.59	-0.34	-0.87	-0.85	-0.79	-0.22	0.05	0.31	-0.21	-0.7	0.86	-0.4	0.63	0.2	-0.35
0.4	-0.43	0.28	-0.58	-0.48	-0.17	-0.61	0.26	-0.57	-0.56	-0.51	0.22	0.65	-0.2	0.44	-0.3	**0.93**	-0.46	0.84	0.49	0.24
-0.6	**0.95**	-0.3	**1**	**0.98**	0.8	0.82	0.22	**1**	**1**	**0.99**	0.51	0	-0.47	0.33	0.48	-0.67	0	-0.28	-0.37	0.24
0.74	-0.06	0.27	-0.18	-0.34	-0.71	-0.5	0.41	-0.15	-0.2	-0.31	-0.16	0.1	-0.11	0.02	0.69	-0.49	**0.97**	-0.76	0.12	0.45
-0.78	-0.06	-0.06	0.22	0.33	0.57	0.62	-0.61	0.18	0.22	0.32	-0.38	-0.53	0.59	-0.45	-0.7	0.16	-0.75	0.35	-0.05	-0.7
0.81	-0.86	0.42	**-0.94**	**-0.98**	**-0.96**	**-0.92**	-0.01	**-0.93**	**-0.94**	**-0.97**	-0.53	0.06	0.38	-0.27	-0.15	0.41	0.35	-0.03	0.42	-0.03
-0.79	0.86	-0.32	**0.96**	**0.99**	**0.94**	**0.91**	0.04	**0.95**	**0.96**	**0.99**	0.44	-0.08	-0.32	0.25	0.2	-0.46	-0.31	-0.04	-0.35	0.04
-0.92	0.09	-0.56	0.3	0.38	0.57	0.77	-0.83	0.27	0.31	0.38	-0.16	-0.74	0.44	-0.58	-0.68	-0.07	-0.59	0.14	-0.56	-0.83
0.78	-0.17	0.64	-0.21	-0.34	-0.66	-0.57	0.54	-0.19	-0.23	-0.32	-0.33	0.23	0.02	0.09	0.64	-0.31	0.8	-0.58	0.49	0.52
0.82	-0.54	0.77	-0.54	-0.62	-0.8	-0.74	0.34	-0.53	-0.56	-0.61	-0.6	0.15	0.33	-0.1	0.29	0.02	0.58	-0.34	0.66	0.27
0.76	-0.47	**0.97**	-0.47	-0.48	-0.52	-0.73	0.57	-0.46	-0.48	-0.49	-0.41	0.5	0.16	0.25	0.23	0.35	0.19	0.11	**0.95**	0.46
1	-0.45	0.57	-0.63	-0.7	-0.83	**-0.94**	0.56	-0.6	-0.63	-0.7	-0.14	0.52	-0.12	0.26	0.41	0.22	0.58	-0.13	0.57	0.56
-0.45	1	-0.38	**0.95**	**0.92**	0.72	0.69	0.36	**0.96**	**0.95**	**0.92**	0.73	0.19	-0.7	0.51	0.6	-0.62	0.09	-0.25	-0.42	0.42
0.57	-0.38	1	-0.31	-0.3	-0.32	-0.54	0.53	-0.32	-0.32	-0.32	-0.45	0.44	0.22	0.23	0.17	0.32	0.05	0.16	**0.97**	0.39
-0.63	**0.95**	-0.31	1	**0.98**	0.81	0.84	0.19	**1**	**1**	**0.99**	0.51	-0.02	-0.45	0.32	0.45	-0.66	-0.03	-0.26	-0.38	0.22
-0.7	**0.92**	-0.3	**0.98**	1	**0.9**	0.87	0.15	**0.98**	**0.99**	1	0.51	0.01	-0.43	0.34	0.33	-0.52	-0.2	-0.1	-0.34	0.17
-0.83	0.72	-0.32	0.81	0.9	1	0.85	-0.02	0.8	0.83	0.89	0.49	0.02	-0.31	0.3	-0.05	-0.14	-0.6	0.3	-0.27	-0.03
-0.94	0.69	-0.54	0.84	0.87	0.85	1	-0.35	0.82	0.84	0.87	0.24	-0.45	-0.04	-0.14	-0.08	-0.51	-0.33	-0.13	-0.59	-0.34
0.56	0.36	0.53	0.19	0.15	-0.02	-0.35	1	0.22	0.19	0.15	0.46	0.89	-0.69	0.88	0.8	-0.02	0.31	0.02	0.55	0.98
-0.6	**0.96**	-0.32	1	**0.98**	0.8	0.82	0.22	1	1	**0.99**	0.53	0.01	-0.49	0.34	0.48	-0.66	0	-0.27	-0.39	0.25
-0.63	**0.95**	-0.32	1	**0.99**	0.83	0.84	0.19	1	1	**0.99**	0.52	-0.01	-0.46	0.33	0.44	-0.64	-0.05	-0.24	-0.39	0.22
-0.7	**0.92**	-0.32	**0.99**	1	0.89	0.87	0.15	**0.99**	**0.99**	1	0.51	-0.01	-0.42	0.32	0.34	-0.55	-0.17	-0.14	-0.36	0.16
-0.14	0.73	-0.45	0.51	0.51	0.49	0.24	0.46	0.53	0.52	0.51	1	0.57	**-0.95**	0.77	0.44	-0.08	-0.06	0.19	-0.33	0.56
0.52	0.19	0.44	-0.02	0.01	0.02	-0.45	0.89	0.01	-0.01	-0.01	0.57	1	-0.72	**0.94**	0.49	0.38	-0.02	0.42	0.56	0.88
-0.12	-0.7	0.22	-0.45	-0.43	-0.31	-0.04	-0.69	-0.49	-0.46	-0.42	**-0.95**	-0.72	1	-0.87	-0.67	0.15	-0.17	-0.05	0.14	-0.79
0.26	0.51	0.23	0.32	0.34	0.3	-0.14	0.88	0.34	0.33	0.32	0.77	**0.94**	-0.87	1	0.6	0.15	-0.03	0.32	0.34	0.89
0.41	0.6	0.17	0.45	0.33	-0.05	-0.08	0.8	0.48	0.44	0.34	0.44	0.49	-0.67	0.6	1	-0.6	0.72	-0.55	0.08	0.84
0.22	-0.62	0.32	-0.66	-0.52	-0.14	-0.51	-0.02	-0.66	-0.64	-0.55	-0.08	0.38	0.15	0.15	-0.6	1	-0.65	**0.9**	0.52	-0.09
0.58	0.09	0.05	-0.03	-0.2	-0.6	-0.33	0.31	0	-0.05	-0.17	-0.06	-0.02	-0.17	-0.03	0.72	-0.65	1	-0.87	-0.11	0.39
-0.13	-0.25	0.16	-0.26	-0.1	0.3	-0.13	0.02	-0.27	-0.24	-0.14	0.19	0.42	-0.05	0.32	-0.55	**0.9**	-0.87	1	0.37	-0.05
0.57	-0.42	**0.97**	-0.38	-0.34	-0.27	-0.59	0.55	-0.39	-0.39	-0.36	-0.33	0.56	0.14	0.34	0.08	0.52	-0.11	0.37	1	0.41
0.56	0.42	0.39	0.22	0.17	-0.03	-0.34	**0.98**	0.25	0.22	0.16	0.56	0.88	-0.79	0.89	0.84	-0.09	0.39	-0.05	0.41	1

从相关性分析结果来看，部分初始指标之间有较高的相关性。因此需要剔除其中包含有重复信息的指标。同时采用主成分分析方法，从众多初始指标中筛选出其中的综合性指标。

从主成分分析成果表（表 6-4）中可以看到，仅 4 个成分即可贡献原指标体系中接近 100% 的方差，其中前两个成分对数据方差的贡献率均超过了 30%，这同样表明初始指标体系中有较多的重复信息。

表 6-4　　　　　　　　　主 成 分 分 析 成 果 表

成　分	特征值	方差贡献率/%	累加贡献率/%
1	18.035	43.99	43.987
2	12.951	31.59	75.575
3	6.611	16.12	91.700
4	3.403	8.30	100.000
5	0.000	0.00	100.000
6	0.000	0.00	100.000

从原始指标在各主成分的载荷矩阵中可以看到，部分指标在 4 个主成分中有较高的载荷。表 6-5 中加粗字体表示该指标在对应成分上有较高的载荷，表明该成分能包含其较多的信息。

表 6-5　　　　　　　　　各指标在主成分上的载荷表

指标	成分				指标	成分			
	1	2	3	4		1	2	3	4
Vt1	0.642	0.615	0.25	0.384	Vt17	0.495	**−0.805**	−0.311	0.096
Vt2	−0.606	**−0.785**	0.068	0.112	Vt18	−0.544	**0.763**	−0.284	0.204
Vt3	**−0.783**	−0.614	−0.093	0.038	Vt19	**−0.809**	0.462	−0.196	0.306
Vt4	−0.679	−0.533	−0.338	0.374	Vt20	−0.683	0.427	0.268	0.529
Vt5	0.506	−0.71	0.473	0.125	Vt21	**−0.787**	0.571	0.19	−0.136
Vt6	0.235	**−0.968**	0.047	−0.078	Vt22	**0.898**	0.433	−0.018	−0.07
Vt7	−0.526	0.736	−0.424	−0.051	Vt23	−0.534	0.355	0.25	0.725
Vt8	−0.706	0.522	−0.114	0.466	Vt24	**0.93**	0.281	−0.164	0.171
Vt9	**−0.849**	0.262	−0.431	0.154	Vt25	**0.959**	0.161	−0.049	0.229
Vt10	−0.621	−0.588	0.438	−0.275	Vt26	**0.923**	−0.193	0.209	0.26
Vt11	−0.391	−0.176	**0.894**	−0.131	Vt27	**0.898**	−0.262	−0.318	0.155
Vt12	**0.921**	0.312	−0.163	0.167	Vt28	0.006	**0.859**	0.49	0.151
Vt13	−0.459	**0.755**	−0.426	−0.194	Vt29	**0.927**	0.311	−0.153	0.147
Vt14	0.332	−0.743	−0.114	0.569	Vt30	**0.938**	0.27	−0.142	0.164
Vt15	**−0.986**	0.025	−0.004	−0.163	Vt31	**0.958**	0.174	−0.082	0.213
Vt16	**0.959**	0.03	−0.059	0.274	Vt32	0.625	0.329	0.509	−0.492

续表

指标	成 分				指标	成 分			
	1	2	3	4		1	2	3	4
Vt33	−0.051	0.568	**0.822**	0.011	Vt38	−0.286	0.727	−0.538	−0.317
Vt34	−0.47	−0.6	−0.491	0.422	Vt39	−0.012	−0.495	**0.855**	0.155
Vt35	0.291	0.609	0.737	−0.018	Vt40	−0.532	0.264	0.462	0.658
Vt36	0.19	**0.976**	−0.066	−0.077	Vt41	0.05	**0.886**	0.461	−0.013
Vt37	−0.444	−0.466	**0.761**	0.077					

同时结合上述两个多元统计分析的结果，对初步指标体系进行筛选，主要的筛选原则包括：

（1）对相关性较高的多个指标进行筛选，选择其中代表性较高的指标。

（2）根据主成分分析结果中各成分的特征值大小，选择在前两个成分中载荷较大的指标。

（3）结合各指标与湖泊健康的因果关系分析，考虑指标的数据可获得性、评价合理性等进行指标筛选。

6.3.3 最终评估体系

基于上述的多元统计的分析结果，并结合湖泊健康与各指标之间的因果关系，考虑数据的可获取性和评价体系的可行性，确定最终的高原湖泊健康评估指标体系，见表6-6。

表6-6 珠江流域高原湖泊健康评估指标体系

目标层	结构层	指标层	意 义
珠江流域高原湖泊健康评估体系（Plateau Lakes Health Index，PLHI）	理化结构（Physical and Chemical Properties，PC）	高锰酸盐指数	反映水体中主要物理特性和物质组成。对湖泊生态系统来说，更重要的是反映湖泊营养状态
		氨氮	
		总氮	
		总磷	
		叶绿素a	
		透明度（SD）	
	生物结构（Biological Structure，BS）	藻类总数（Aphy）	反映湖泊初级生产者的组成，其种群大小一定程度上反映了湖泊的营养水平
		蓝藻比例（Cyano）	
		土著鱼类留存系数（FOE）	考虑指标的可评价性，比较湖泊现有土著鱼类与20世纪80年代之间的差异，反映湖泊食物链中最高营养级生物的变化情况
		主要沉水植物群丛类型（SuP）	沉水植物是淡水生态系统中主要的初级生产者，对维持湖泊生态系统的结构和功能具有重要作用。湖泊水生植被多样性，反映湖泊健康程度

续表

目标层	结构层	指标层	意　义
珠江流域高原湖泊健康评估体系（Plateau Lakes Health Index，PLHI）	物理形态（Morphology State，MS）	湖泊萎缩系数（LW）	考虑指标的可评价性，比较湖泊现状面积与历史的差异，反映湖泊的发育情况
		湖泊形态系数（LM）	整合湖面面积、岸线长度指标，比较湖泊内部效应和边缘效应，综合评价湖泊形态效应
	流域开发利用（Basin Development，BD）	农业用地比例（LU）	考量流域农业发展对湖泊的干扰程度
		流域单位面积人口（PoS）	反映流域范围内经济发展对湖泊的压力
		流域单位蓄水量产值（PrW）	

其中，蓝藻比例（Cyano）计算公式为

$$Cyano = \frac{蓝藻门浮游植物丰度}{浮游植物丰度} \qquad (6-12)$$

土著鱼类留存系数（FOE）计算公式为

$$FOE = \frac{现状土著鱼类种类数}{80 年代土著鱼类种类数} \qquad (6-13)$$

湖泊萎缩系数（LW）计算公式为

$$LW = \frac{80 年代湖面积 - 现状湖面积}{80 年代湖面积} \qquad (6-14)$$

湖泊形态系数（LM）计算公式为

$$LM = \frac{岸线长度}{2 \times \sqrt{2\pi \times 湖面积}} \qquad (6-15)$$

流域单位面积人口（PoS）计算公式为

$$PoS = \frac{流域内人口数量}{流域面积} \qquad (6-16)$$

流域单位蓄水量产值（PrW）计算公式为

$$PrW = \frac{流域内生产总值}{湖泊蓄水量} \qquad (6-17)$$

6.4　指标权重确定

权重是表示某一指标对湖泊健康的相对重要程度所赋予的一个数值，确定指标权重非常重要，主要通过分析各指标的重要程度以及指标之间相互关系。可以用实践经验和主观判断或数学方法。确定评价指标权重的方法主要有两种：主观赋分法和层次分析法。其中层次分析法（AHP）是用数学方法确定权重，通过对其准确性检验减少了权重确定的主观随意性，且此评价方法应用范围最广，因此本书采用了层次分析法和专家打分相结合的方式来确定评价指标的权重。

6.4.1 层次分析法

层次分析法基本原理是根据系统的具体性质和目标要求,首先建立关于系统属性的各因子递进层次结构模型,再按照某一规定准则,对每一层次上的因素进行逐对比较,得到其关于上一层次因子重要性比较的标度;建立判断矩阵,进而通过计算判断矩阵的特征值和特征向量,得到各层次因子关于上一层次因素的相对权重(层次单排序权值);自上而下的用上一层次各因子的相对权重加权求和,求出各层次因素关于系统整体属性(总目标)的综合重要度(层次总排序权值)。

层次分析法的具体过程分为两步:第一步构造判断矩阵;第二步求判断矩阵的最大特征值和对应的特征向量,再对判断矩阵做一致性检验。如果检验通过,则将求得的特征向量做归一化处理,即得到该准则下 n 个指标之间的相对权重向量 $(W_1, W_2, \cdots, W_n)$;否则,重新构造判断矩阵,重复上述过程。

首先,建立关于系统属性的各因子递阶层次结构模型。再逐层逐项进行比较,矩阵中各元素由相应的因素 i 和 j 进行相应重要性的比较来确定(即重要性比较标度)。重要性比较标准根据资料数据、专家意见、决策分析人员和决策者的经验经过反复研究确定。同一层次中,将与上一层指标有直接联系的指标两两对比,根据相对重要程度打出判断值,见表 6-7。极端重要为9,强烈重要为7,明显重要为5,稍微重要为3,同等重要为1;它们之间的数8、6、4、2表示中值,倒数则是两两对比颠倒的结果。具体比较时,可以从最高层开始,也可以从最低层开始。

表 6-7   判断矩阵的标度及其对应的含义

标 度	含 义
1	相对于某种功能来说同等重要
3	相对于某种功能来说稍微重要
5	相对于某种功能来说明显重要
7	相对于某种功能来说强烈重要
9	相对于某种功能来说极端重要
2、4、6、8	介于相邻两种判断的中间情况
倒数	两两对比颠倒的结果,即指标 j 相对于指标 i 来说

其次,确定各指标的权重值和对它们进行一致性检验。判断矩阵是层次分析的基本信息,也是进行层次分析的基础,判断矩阵的特征向量经归一化后,即为同层次相应因素对于上一层次某因素相对重要性的排序权值。

6.4.2 层次结构建立

根据高原湖泊健康评估体系,建立3层结构模型,分别是目标层(PLHI)、结构层(PC、BS、MS、BD)和相应的指标层,如图 6-2 所示。

根据上述指标体系层次结构图,对目标层、结构层和指标层两两比较其重要性,构建判断矩阵,见表 6-8~表 6-12。

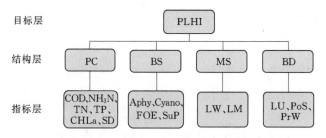

图6-2 高原湖泊健康评估指标体系层次结构图

表6-8 目标层—结构层之间的判断矩阵

PLHI	PC	BS	MS	BD
PC	1	1	4	4
BS	1	1	4	4
MS	1/4	1/4	1	1/2
BD	1/4	1/4	2	1

表6-9 结构层PC—对应指标层的判断矩阵

PC	化学需氧量	氨氮	总氮	总磷	叶绿素a	透明度
化学需氧量	1	3	1/3	1/4	1/4	1/3
氨氮	1/3	1	1/5	1/5	1/5	1/3
总氮	3	5	1	1/2	1/3	1/2
总磷	4	5	2	1	1/2	2
叶绿素a	4	5	3	2	1	2
透明度	3	3	2	1/2	1/2	1

表6-10 结构层BS—对应指标层的判断矩阵

BS	Aphy	Cyano	FOE	SuP
Aphy	1	2	3	3
Cyano	1/2	1	2	2
FOE	1/3	1/2	1	1
SuP	1/3	1/2	1	1

表6-11 结构层MS—对应指标层的判断矩阵

MS	LW	LM
LW	1	2
LM	1/2	1

表6-12 结构层BD—对应指标层的判断矩阵

BD	LU	PoS	PrW
LU	1	2	3
PoS	1/2	1	1
PrW	1/3	1	1

6.4.3 层次单排序及一致性检验

层次单排序就是求单目标判断矩阵的权数，特征值与特征向量的计算方法可用几何平均法或算术平均法。根据判断矩阵求出最大特征根 λ_{max} 及其所对应的特征向量 W，所求特征向量 W 经归一化处理后作为各元素的排序权重。从理论上讲，判断矩阵满足完全一致性条件 $P_{ik} = P_{ij} \times P_{jk}$，此时 $\lambda_{max} = n$。实际上专家认识的多样性，常常使得 $\lambda_{max} > n$。为了一致性检验，需要计算判断矩阵的一致性指标 CI，公式如下：

$$CI = \frac{\lambda_{max} - n}{n - 1} \qquad (6-18)$$

当完全一致时，$CI = 0$；CI 越大，矩阵的一致性越差；当阶数 $\leqslant 2$ 时，矩阵有完全一致性。为度量不同阶判断矩阵是否满足一致性，将 CI 与平均随机一致性指标 RI 进行比较，其比值称为判断矩阵的一致性比例，公式为 $CR = CI/RI$。依据 T. L. Saaty 提出的 $1 \sim 9$ 阶判断矩阵，RI 值见表 6 - 13。当阶数 > 2 时，若 $CR < 0.10$ 或在 0.10 左右时，说明权数分配合理；否则，要继续对判断矩阵进行调整，直到一致性满意为止。

表 6 - 13　　　　　　　　　　$1 \sim 9$ 阶判断矩阵一致性指标 RI

阶数	1	2	3	4	5	6	7	8	9
RI	0.00	0.00	0.58	0.90	1.12	1.24	1.32	1.41	1.45

各指标权重值的计算见表 6 - 14。从表中可以看到，各层次的一致性检验系数 CR 均小于 0.1，表明各层次的权数分配合理。

表 6 - 14　　　　　　　　　高原湖泊健康评估各指标权重分配结果表

目标层	结构层	权重 W_i	一致性检验结果	指标层	权重 W_j	一致性检验结果
PLHI	PC	0.3962	$\lambda_{max} = 4.0615$ $CR = 0.0230$ 权数分配合理	化学需氧量	0.0734	$\lambda_{max} = 6.2877$, $CR = 0.0457$, 权数分配合理
				氨氮	0.0436	
				总氮	0.1422	
				总磷	0.2419	
				叶绿素 a	0.3288	
				透明度	0.1701	
	BS	0.3962		Aphy	0.4547	$\lambda_{max} = 4.0104$, $CR = 0.0039$, 权数分配合理
				Cyano	0.263	
				FOE	0.1411	
				SuP	0.1411	
	MS	0.0859		LW	0.6667	$\lambda_{max} = 2.0000$, $CR = 0.0000$, 权数分配合理
				LM	0.3333	
	BD	0.1218		LU	0.5485	$\lambda_{max} = 3.0183$, $CR = 0.0176$, 权数分配合理
				PoS	0.2409	
				PrW	0.2106	

6.5 评估标准划分

孤立的数字划分或单纯的文字描述对湖泊系统健康没有任何指示意义，它必须和某些参考值加以比较之后才具有指示性。本书在高原湖泊生态健康评估中，制定评价指标标准的参考状态主要有下列几种：①以 20 世纪 80 年代湖泊相对健康的状态做对比；②相关属性值的临界水平，即某些指标所处的影响生物生长、生存的临界值；③国内其他区域相关研究的划分标准。

在确定各评价等级的标准时，不同的指标标准确定的原则不同，将指标分为 3 类指标，如图 6-3 所示。

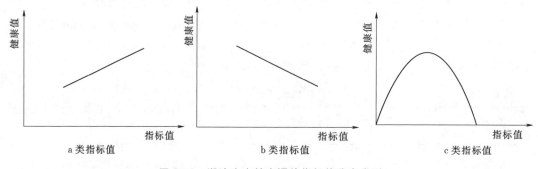

图 6-3 湖泊生态健康评估指标值分布类型

a 类指标值与健康程度呈正相关关系，呈单增分布，即指标值越高，健康程度则越高，这些指标由于指标本身和客观物质条件的限制，都有一个极限值或目前现实状况所能达到的最高值域，这个最高值域即为很健康级别的标准。

b 类指标值与健康程度呈负相关关系，呈单减分布，即指标值越高，健康程度则越低，同样这类指标也有一理论和现实的最低值域，这个最低值域即作为很健康级别的标准。

c 类指标呈正态或偏态分布，这类指标值过高或过低都影响生态系统健康程度，即存在一个优化的取值范围。

各结构层指标评价等级阈值确定的分析过程如下：

（1）理化结构：从 GB 3838—2002《地表水环境质量标准》来看，水质指标的等级划分呈明显的线性；而从筛选得到的理化结构指标来看，其主要反映了湖泊的营养状态，因此理化结构指标的确定主要参考湖泊状态指数的分布情况如图 6-4 所示。

（2）生物结构：主要采用历史基准法确定各指标的评价标准。本书以 20 世纪 80 年代湖泊的生物结构为健康参考点。

其中，20 世纪 80 年代的抚仙湖处于贫营养状态，其藻类丰度处于一个相对健康的水平，历史监测资料显示，抚仙湖 1980 年的藻类丰度为 1.2×10^5 cells/L。因此，本书认为藻类丰度在历史参考值的 3 倍范围内属贫营养水体，3～10 倍属中营养水体，10～50 倍属轻度富营养化水体，50～100 倍属中度富营养水体，超过 100 倍属重度富营养水体。蓝藻

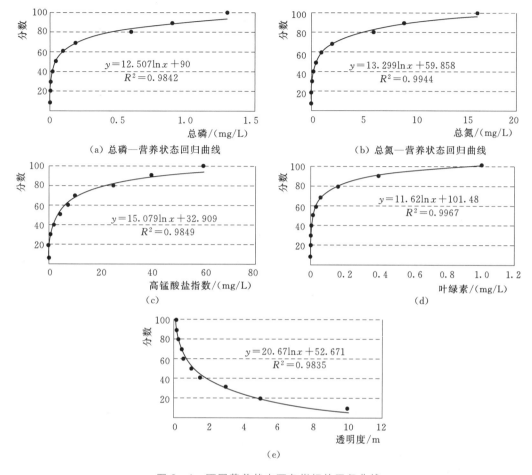

图 6-4 不同营养状态下各指标的回归曲线

注：0~20—很健康；20~40—健康；40~60—亚健康；60~80—病态；80~100—严重病态。

门浮游植物一般为喜营养的藻类，其在浮游植物群落中的比例说明了水体的富营养程度，本书通过参考各种营养等级的湖泊中蓝藻门的比例，确定 10%、20%、30%、40% 为不同健康状态等级的阈值；用土著鱼类留存系数比较现在与 20 世纪 80 年代的种类变化，评价标准参考《水工程规划设计生态指标体系与应用指导意见》；主要沉水植物群丛类型参考了关于云南九大高原湖泊的沉水植物群丛变化情况。

（3）物理形态：湖泊萎缩系数评价标准采取专家咨询法进行确定，以 30 年间湖泊面积变化率作为评价依据；湖泊形态系数通过湖泊的外部形状反映其内部效应和边缘效应：系数接近 1 说明湖泊呈近圆形，其内部效应较明显，系统内部较稳定，不易受外部干扰影响；系数越大则说明湖泊呈长方形或带形，边缘效应较明显，湖泊生态系统受边缘区域干扰严重。

（4）流域开发利用：流域开发利用对湖泊生态系统产生的压力评价标准采取专家咨询法进行确定。

最终确定高原湖泊生态健康评价等级阈值见表 6-15。

表 6－15　　　　　　　　　　高原湖泊生态健康评价等级阈值表

结构层	指标层	严重病态　病态　　亚健康　　健康　　很健康 X1　　　X2　　　X3　　　X4			
		X1	X2	X3	X4
理化结构	总磷/(mg/L)	0.6	0.1	0.05	0.004
	总氮/(mg/L)	6	1	0.5	0.05
	氨氮/(mg/L)	1.8	0.3	0.15	0.015
	叶绿素 a/(mg/L)	0.16	0.026	0.01	0.001
	高锰酸盐指数/(mg/L)	25	8	4	0.4
	透明度/m	0.3	0.5	1	5
生物结构	浮游植物丰度/(10^5 cells/L)	100	50	10	3
	蓝藻比例/%	40	30	20	10
	土著鱼类留存系数	0.25	0.45	0.65	0.85
	主要沉水植物群丛类型	3	5	8	10
物理形态	湖泊萎缩系数	0.2	0.1	0.05	0.01
	湖泊形态系数	2	1.8	1.5	1.3
流域开发利用	农业用地比例	0.5	0.4	0.3	0.2
	流域单位面积人口/(人/km²)	1000	800	600	400
	流域单位蓄水量产值/(万元/亿 m³)	100000	80000	65000	50000

6.6　评估模型构建

　　高原湖泊生态系统健康状况的好坏是相对于标准值而言的，健康与否只是一个相对的概念，可以作为一个模糊问题来处理。模糊数学方法的基本思想是应用模糊关系合成的原理，根据被评价对象本身存在的性态或隶属上亦此亦彼性，从数量上对其所属成分给以刻画和描述。因此，应用模糊数学的概念和方法建立的高原湖泊生态系统健康评价模型比传统的评价方法能够更符合实际情况。

　　本书拟定高原湖泊健康评估指数（plateau lakes health index，PLHI）：

$$\text{PLHI} = \sum_{i=1}^{4} W_i \times \text{PLHI}_i = \sum_{i,j=1}^{4,n} W_i \times (W_j \times R_j) \tag{6-19}$$

式中　W_i——结构层中各指标的权重；

　　　W_j——指标层中各指标的权重；

　　　R_j——指标层中各指标的评分。R_j 由评价值与相应等级标准计算得到，其计算方
　　　　　法对正向指标（指标值越大，健康程度越高）和负向指标（指标值越小，
　　　　　健康程度越低）而有所不同。

　　对负向指标而言：

（1）当指标值 $V_j \geqslant X_1$，$R_j = 1 - \dfrac{v_j - x_1}{v_{j\max} - x_1}$。

（2）当 $V_j \in (X_i，X_{i-1}，i=2、3、4)$，$R_j = i - \dfrac{v_j - x_{i+1}}{x_i - x_{i+1}}$。

（3）当 $V_i \leqslant X_4$，$R_j = 5 - \dfrac{v_j - v_{j\min}}{x_4 - v_{j\min}}$。

对正向指标而言：

（1）当指标值 $V_j \leqslant X_1$，$R_j = \dfrac{v_j - v_{j\min}}{x_i - v_{j\min}}$。

（2）当 $V_j \in (X_i，X_{i+1}，i=1、2、3)$，$R_j = i - \dfrac{v_j - x_i}{x_{i+1} - x_i}$。

（3）当 $V_i \leqslant X_4$，$R_j = 4 + \dfrac{v_j - x_4}{v_{j\max} - x_4}$。

计算所得的 PLHI 得分将以表 6-16 为标准进行评价。

表 6-16 高原湖泊健康评估得分表

PLHI 得分	[0，1)	[1，2)	[2，3)	[3，4)	[4，5)
湖泊健康状态	严重病态	病态	亚健康	健康	很健康

第 7 章

高原湖泊健康评估

7.1 综合评估

根据第 6 章中确定的高原湖泊健康评估方法，计算得到珠江流域五大高原湖泊水生态健康综合得分评价（表 7-1、图 7-1）。

表 7-1　　　　　　　　　　　　高原湖泊水生态健康综合得分评价表

湖　　泊	抚仙湖	星云湖	杞麓湖	异龙湖	阳宗海
高原湖泊水生态健康得分及状态	3.474	1.196	1.272	1.092	1.940
	健康	病态	病态	病态	亚健康
理化结构	4.126	1.061	1.306	1.189	2.266
生物结构	2.701	0.932	0.655	0.631	0.560
物理形态	4.695	2.677	2.585	0.000	4.777
流域开发利用	3.001	1.449	2.240	3.049	3.368

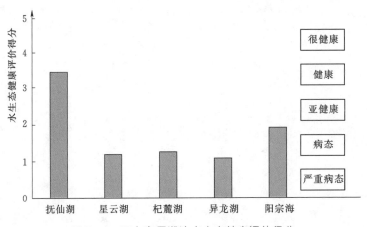

图 7-1　五大高原湖泊水生态健康评估得分

从结果可以看到，抚仙湖处于健康状态，阳宗海处于亚健康状态，星云湖、杞麓湖、异龙湖处于病态。

从结构层的计算得分来看，抚仙湖得分较低的是"生物结构"和"流域开发利用"两个指标；而影响阳宗海健康得分的主要是"理化结构"和"生物结构"两个指标。对于几个病态湖泊来说，各项结构得分均较低，其中"理化结构"和"生物结构"对星云湖影响较大；杞麓湖的"理化结构"和"生物结构"得分较低；异龙湖的"理化结构""生物结构"和"物理形态"得分较低，其中"物理形态"为0分。

五大高原湖泊15个指标分项得分结果见表7-2。

表7-2　　　　　　　　　高原湖泊水生态健康分项得分结果表

湖　泊		抚仙湖	星云湖	杞麓湖	异龙湖	阳宗海
理化结构	总磷	3.997	0.000	1.327	1.141	1.794
	总氮	3.673	1.730	0.509	0.845	0.000
	氨氮	3.700	1.973	1.292	1.022	1.711
	叶绿素a	4.095	1.096	1.416	1.987	3.001
	高锰酸盐指数	3.798	1.778	1.622	1.291	2.840
	透明度	5.000	1.400	1.600	0.000	3.305
生物结构	藻类总数	2.904	0.953	0.784	0.993	0.000
	蓝藻	0.769	0.152	0.062	0.146	0.000
	土著鱼类留存系数	3.350	2.250	1.000	0.000	1.972
	主要沉水植物群丛类型	5.000	1.000	1.000	1.000	2.000
物理形态	湖泊萎缩系数	5.000	1.897	1.487	0.000	5.000
	类斑块状系数	4.085	4.235	4.781	0.000	4.330
流域开发利用	农业用地比例	1.355	1.134	2.937	3.287	2.357
	流域单位面积人口	5.000	2.566	2.609	3.629	4.818
	流域单位蓄水量产值	5.000	0.992	0.000	1.766	4.341

以下将分别对每个湖泊的水生态健康评估结果进行分项诊断分析。

7.2　诊断分析

7.2.1　抚仙湖

从评价结果来看，抚仙湖总体上呈"健康"状态，其中得分较低的是"生物结构"和"流域开发利用"两项，表明抚仙湖其自身结构和功能受损，且存在来自流域内开发利用活动的干扰，如图7-2所示。

7.2.1.1　理化结构

抚仙湖理化结构处于"很健康"状态，其中各指标以透明度得分最高，总氮得分最低，如图7-3所示。

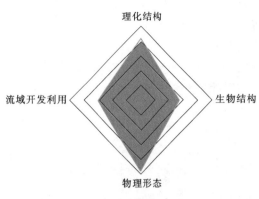

图 7-2 抚仙湖结构层指标得分成果图

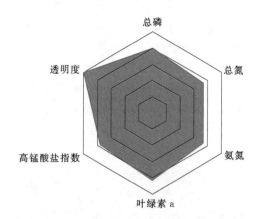

图 7-3 抚仙湖理化结构指标得分成果图

理化结构中各项指标主要包括了有机污染物和营养盐等,大体上反映了抚仙湖的营养状态。根据抚仙湖多年的监测结果,计算出抚仙湖营养状态指数的时空差异,结果如图 7-4 所示。

从抚仙湖的营养状态计算结果来看,抚仙湖营养状态呈现一定的时空特征:①湖区营养状态呈上升趋势;②湖岸监测点与湖心监测点相比,湖心营养状态较低,大部分呈贫营养状态;③南北湖区相比,北湖区的营养水平较低。

根据历史监测资料,对抚仙湖 1980—2010 年的水体营养状态指数发展趋势进行综合分析,营养状态指数由 1980 年的 6.8 上升至 2000 年的 18.55,上升了 1.7 倍,见图 7-5。结合本书结果来看,抚仙湖营养状态已然突破了中营养的临界值。

7.2.1.2 生物结构

抚仙湖的生物结构处于"亚健康"状态,其中"藻类总数""蓝藻比例"和"土著鱼类留存系数"3 个指标的得分较低,见图 7-6。

从生态监测结果来看,抚仙湖的浮游植物丰度为 $0.98\times10^5 \sim 99.5\times10^5$ cells/L。其中主要以绿藻门种类为优势,其次

图 7-4 抚仙湖营养状态空间分布特征

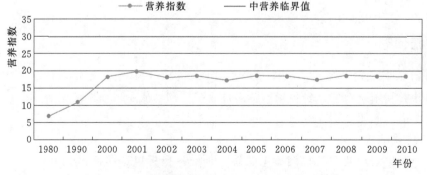

图 7-5 抚仙湖近 30 年营养状态指数变化情况

是硅藻门和蓝藻门。转板藻、小环藻、双对栅藻、角甲藻、锥囊藻等种类是湖区内的优势种类，其中优势种类的转变从一定程度上指示了抚仙湖处于贫—中营养型过渡阶段：转板藻更适合在中营养型水体中生存；小环藻为贫—中营养水体的优势类群；而锥囊藻为贫营养水体的优势类群。而在近几次的监测中，北湖区部分站点出现了数量较多的蓝藻门隐球藻，导致了藻类总数和蓝藻比例的上升。

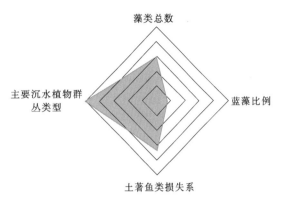

图 7-6 抚仙湖生物结构指标得分成果图

历史监测数据统计分析结果表明，1980—2004 年抚仙湖浮游植物生物总量增长了 10.5 倍，优势种类绿藻门的生物量增长了近 16 倍，硅藻门增长了 19 倍。特别是自 2000 年以来浮游植物的生物量增长速度明显加快，在 2000—2004 年短短 5 年中，浮游植物生物量增长了 4 倍，仅绿藻门的生物量就增加了 4.5 倍，硅藻门增长了 7.6 倍。2005 年、2006 年有所下降，2007 年、2008 年又有所上升，2009 年有所下降，如图 7-7 所示。

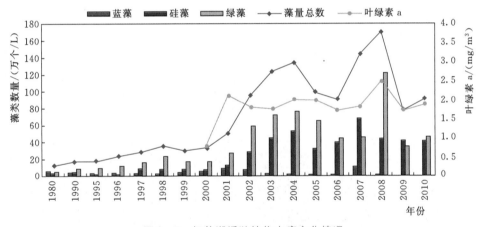

图 7-7 抚仙湖浮游植物丰度变化情况

抚仙湖浮游植物种群结构总体向多样性发展，其中绿藻门和硅藻门种类有所增加，但清水性黄藻门自 1993 年就没有检出。而种群发展趋势是喜营养种类渐渐增多，清水性种类渐渐减少。

浮游植物群落在种群数量、种类演替和优势种等方面的变化表明，抚仙湖自 20 世纪 80 年代开始营养水平有上升的趋势。这主要是因为抚仙湖有物质滞留率高的特征，大量的营养物质积累于湖中，为浮游植物的繁殖创造了物质条件，再加上适宜藻类繁殖的气候环境因素，导致浮游植物生物量过速增长，而且这种趋势随着入湖污染负荷的积累增多而有增无减。

鱼类结构的改变也是抚仙湖中水生生物结构的重大变化之一。据近年来抚仙湖鱼类资源的调查分析发现，抚仙湖现有鱼类共 42 种，其中土著鱼类 18 种，外来鱼类 24 种，其中包括鱇浪白鱼、抚仙金线鲃、抚仙高原鳅等抚仙湖中的特有鱼类。而在 20 世纪 80 年代的调查中，抚仙湖有土著鱼类 25 种，30 年间土著鱼类的种类数减少了 28％。在种群数量上，外来种占有绝对性优势，其中太湖新银鱼的种群数量最大（一般占渔获物的 60％以上），子陵吻鰕虎鱼的种群也维持在较高水平；而土著种仅具有极低的种群水平，其中抚仙高原鳅、抚仙鲇、抚仙金线鲃和云南倒刺鲃的种群较大。

总的来说，1980—2010 年抚仙湖鱼类资源所面临的问题是外来鱼类对土著鱼类的威胁，其规律表现为：土著鱼类逐渐减少，外来鱼类逐渐增多；春夏产卵型较冬季产卵型土著鱼类的多样性丧失更严重；肉食性土著鱼类在物种数量上没有减少，同时肉食性外来鱼类种数逐渐增加。另外，高强度的捕捞活动也对土著鱼类的生存产生了较大的压力。而湖泊的沿岸浅水区是鱼卵孵化、幼鱼觅食和避敌的良好场所。但大量的填湖造地和水上娱乐场、游泳场侵占了这些湖岸生境，幼鱼的生境基本丧失，从而使得土著种群无法顺利完成世代更替。

抚仙湖水生植物资源最为丰富，尤其是其沉水植物资源，无论是种类数还是沉水植物群丛类型都极其丰富，主要分布在北岸和南岸地区，东西岸一些湖湾地区也有分布（图7-8）。清澈的水体是抚仙湖丰富的沉水植物群丛的主导因素。据调查，抚仙湖环湖滨带共分布有沉水植物群丛类型达 15 种。但抚仙湖的沉水植物也呈现一定的脆弱性：抚仙湖具有湖岸较陡、湖滨缓冲带较窄的特点，沿岸带浅水区较少，仅占全湖面积的 4.1％；其中适于最优原始植被生长区面积仅约 5km²，在 20 世纪 80 年代及 90 年代初期湖滨带被大面积破坏。同时农药、化肥、饲料和渔药等的大量使用，导致了近岸水体污染严重，也破

图 7-8　抚仙湖沉水植物分布情况

坏了湖滨带沉水植物的生长环境。

7.2.1.3 物理形态

抚仙湖的物理形态结构处于"很健康"状态，如图7-9所示。

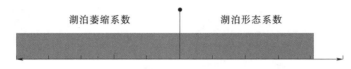

图7-9 抚仙湖物理形态指标得分成果图

抚仙湖现状湖面积为216.6km²，与20世纪80年代的观测数据相比，湖面面积没有萎缩，反而有少量增加。这主要是因为抚仙湖在2003年实施了"出流改道"工程，抬高了湖泊水位，导致湖面面积有所增加。

抚仙湖的湖泊形态系数为1.27，说明它存在着一定的边缘效应，但总体来说湖泊内部效应比边缘效应明显。湖泊中间狭小的喉扼形处，边缘效应往往大于内部效应，存在明显的过滤和选择作用；这一地带对湖泊生物的干扰较大；北湖区宽而深，其内部相对稳定，生物生存空间也较发达，物种对生境的物质需求能被满足，相对来说比较适合生物生存。由于内部的稳定性大于外部效应，理论上来说有利于污染物质的扩散和稀释，但由于水深较深，湖泊分层明显，污染物进入抚仙湖后将积累在湖底，形成明显的内源负荷。

7.2.1.4 流域开发利用

抚仙湖的流域开发利用评价为"健康"。

从计算结果来看，流域单位面积人口和流域单位蓄水量产值都处于安全水平；但流域内农业用地的比例较高，达到47%，对湖泊健康仍造成较大的压力，如图7-10所示。

抚仙湖流域内主要污染源包含点源和面源，点源主要包括城市生活点源、工业点源等，面源主要包括农村生活污染源、农业生产污染源、畜禽养殖污染源、水土流失污染源等。从"十二五"规划的抚仙湖流域污染负荷入湖量（图7-11）可以看出：化学需氧量主要来自农田面源、农村污水、畜禽粪便，这3部分占入湖总量的92%；总氮主要来自农田面源、农村污水、降尘降水、畜禽

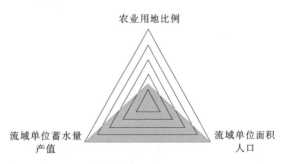

图7-10 抚仙湖流域开发利用指标得分成果图

粪便，这4部分占入湖总量的89%；总磷主要来自农田面源、畜禽粪便、农村污水、磷矿污染、降尘降水，这5部分占入湖总量的88%。

从入湖贡献率来看，农田面源、农村污水和畜禽粪便是目前抚仙湖最重要的污染源。

根据玉溪市水环境监测中心在2008年1月对抚仙湖的入湖河流水质监测的结果可以看到，16条入湖河流中有11条处于劣Ⅴ类，1条处于Ⅴ类，有4条处于Ⅳ类。可见流域农业面源污染已导致入湖河流严重污染，对抚仙湖的水质造成了较大的影响。

其中湖滨带200m范围内的农业耕地对抚仙湖的影响尤为严重，如图7-12所示。环

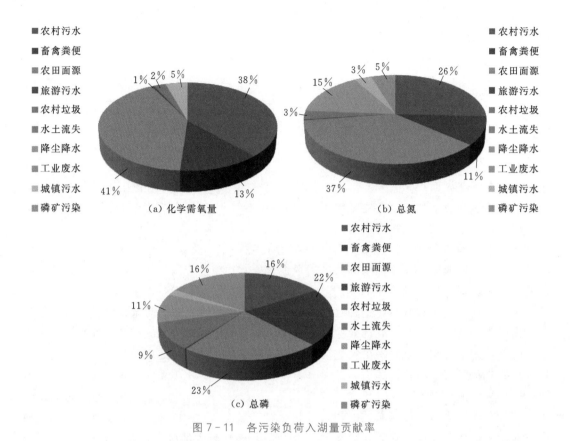

图 7-11 各污染负荷入湖量贡献率

湖农田紧临湖岸，这些农田多种植青蒜、菜豌豆、花卉等施肥量较大的作物。加之抚仙湖沿岸土壤多为砂砾石结构，保水性差，土壤贫瘠，大量化肥农药流失，导致农田面源污染加重。

图 7-12 抚仙湖湖滨带农田开垦情况

7.2.2 星云湖

星云湖健康总体上呈"病态"，各项得分均较低，显示星云湖的结构和功能已严重受损，湖泊生态系统正在逐步退化，如图7-13所示。

7.2.2.1 理化结构

星云湖的各项理化结构指标中，总磷浓度较高，达到"严重病态"的水平，浓度达到0.640mg/L；而且总氮浓度和高锰酸盐指数亦较高；湖水透明度仅有0.4m。总的来说，星云湖已处于中度富营养化状态，营养状态指数达到73.8，见图7-14。

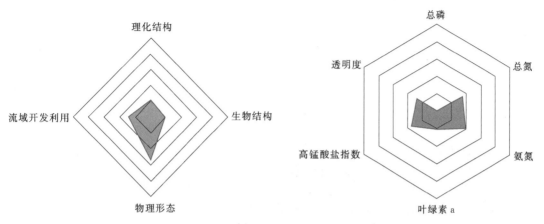

图7-13 星云湖结构层指标得分成果图　　　　图7-14 星云湖理化结构指标得分成果图

对星云湖中营养盐及叶绿素的监测可以发现，星云湖中有机物及营养盐的浓度分布主要表现为：北湖区＞南湖区，沿岸区＞湖心区。而蓝藻与这些物质的空间分布较为相似，如图7-15所示。这主要是星云湖流域范围内常风向为西南风；而湖体狭长，东西两侧为山地，南北为平原；因此在两者的作用下，污染物易随风成流在湖北区聚集，造成湖区北端的污染物浓度较高。

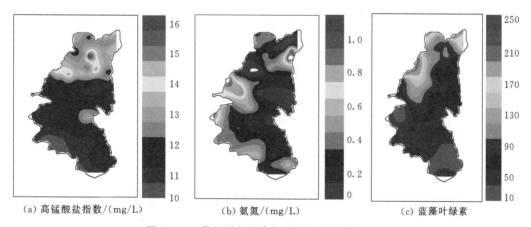

(a) 高锰酸盐指数/(mg/L)　　　　(b) 氨氮/(mg/L)　　　　(c) 蓝藻叶绿素

图7-15 星云湖各污染物质空间分布等值线图

7.2.2.2 生物结构

星云湖生物结构处于"严重病态"，各项指标得分都较低，由此表明湖泊的生物系统的功能与结构已受到严重破坏，如图7-16所示。

其中，由于星云湖处于中度富营养化状态，湖区中已发生了较严重的蓝藻（微囊藻）

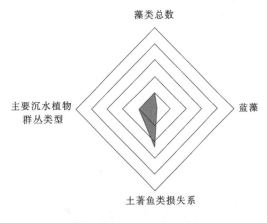

图 7-16 星云湖生物结构指标得分成果图

水华，水中藻类总数已达到了 100×10^5 cells/L 的水平。在实地采样中可以发现，湖水已呈油漆状，随手便可捞起大量微囊藻群体，如图 7-17 所示。

星云湖已然演变成为藻型湖泊，高浓度的营养盐和较低的水体透明度是限制湖区中沉水植被分布的主要因素。现状调查发现，星云湖中的沉水植被主要为篦齿眼子菜群丛、马来眼子菜群丛等单优群丛，这些群丛相对有较高的营养盐耐性。

图 7-17 星云湖富营养化现状

星云湖现存土著鱼类 7 种，包括星云白鱼、大头鲤、鲫鱼、泥鳅、中华青鳉、黄鳝和乌鳢，较 20 世纪 80 年代记录的 14 种减少了 50%。星云湖土著鱼类的大量消失，一方面是由于湖泊生态环境恶化，富营养化的水体环境使得敏感种类无法生存而消失；另一方面则是因为外来种类的引入造成对土著鱼类生存环境的压迫。星云湖现在已变成了放养型的湖泊，当地湖管站每年都要投放大量的青、草、鲢、鳙、鲤等经济鱼类到湖泊之中，在这个过程中，又有一些危害性极大的小型外来鱼类如子陵吻鰕虎鱼、棒花鱼、麦穗鱼等不断地被携带到这些湖泊当中，进一步造成湖泊中土著鱼类空间的严重减小，并造成相当部分的土著鱼类，尤其是云南特有鱼类多样性的严重丧失。另外，每年大规模的捕捞活动也是造成土著鱼类消失的重要原因。

7.2.2.3 物理形态

星云湖的物理形态为"亚健康"状态，其中湖泊萎缩系数得分较低，如图 7-18 所示。

图 7-18 星云湖物理形态指标得分成果图

星云湖现状湖面面积为 34.7km²，较 20 世纪 80 年代的 38.53km² 减少了 9.9%，30 年间湖泊面积有较明显的萎缩。星云湖为浅水湖泊，其形态系数为 1.23，存在一定的边缘效应，湖周范围的人类活动对湖泊生态系统有较强烈的影响。湖滨带的旅游、农业开发挤占了大量湖滩，减少了湖泊水面面积；而旅游业、农业给湖泊输入大量污染物质，促进了星云湖的富营养化进程，加快了湖泊的衰退过程。

7.2.2.4 流域开发利用

星云湖的流域开发利用评价为"病态"，显示流域范围内的开发利用活动对湖泊造成较大的干扰，如图 7-19 所示。

星云湖流域范围内每平方千米的人口数量为 687 人，每亿立方米湖泊蓄水量的生产总值为 101736 万元，而流域内农业用地面积占流域面积的 48.7%，可见由此对湖泊生态系统产生了明显的外部干扰。

图 7-19 星云湖流域开发利用指标得分成果图

从卫星图片可以看到，星云湖流域范围内北部、西南部和东南部的平缓区域都开垦为耕地，主要种植土豆、蔬菜等农作物。而在农业生产中的农药、化肥则会通过径流、地面漫流等方式进入到星云湖中。

对星云湖流域范围内的主要污染负荷分析发现，农村生活、规模化禽畜养殖、农田化肥流失是主要的污染来源，如图 7-20 所示。

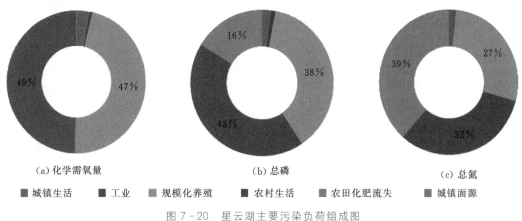

(a) 化学需氧量　　　　(b) 总磷　　　　(c) 总氮

■ 城镇生活　■ 工业　■ 规模化养殖　■ 农村生活　■ 农田化肥流失　■ 城镇面源

图 7-20 星云湖主要污染负荷组成图

除了上述的污染来源外，星云湖流域范围内还包括生活垃圾、农业废弃物、水产养殖、采矿工业等多种污染来源，对星云湖的影响同样不容忽视。

7.2.3 杞麓湖

杞麓湖健康评价为"病态"，其生态系统结构与功能已受到较严重的破坏，同时仍在承受来自流域范围内的高强度干扰，如图 7-21 所示。

7.2.3.1 理化结构

杞麓湖理化结构状态为"病态"，各项指标的得分较低，如图 7-22 所示。

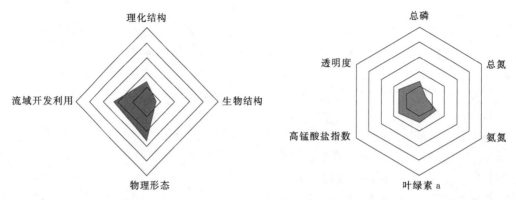

图 7-21 杞麓湖结构层指标得分成果图   图 7-22 杞麓湖理化结构指标得分成果图

从近年来的生态监测结果来看，杞麓湖的水体质量总体呈劣 V 类，各项污染物指标的浓度值都较高，透明度仅有 0.4m。从营养状态指数计算结果来看，杞麓湖正处于中度富营养化的状态。

7.2.3.2 生物结构

杞麓湖的生物结构为"严重病态"，浮游植物、沉水植物和土著鱼类等生物群落结构受到严重破坏，如图 7-23 所示。

图 7-23 杞麓湖生物结构得分成果图

从生态监测的结果来看，杞麓湖的浮游植物丰度为 $1000 \times 10^5 \text{cells/L}$ 的水平，湖区已发生了较严重的蓝藻（颤藻）水华，蓝藻门浮游植物所占比例高达 96%。蓝藻门的颤藻是杞麓湖区的优势种类，颤藻是一种丝状体蓝藻，其在含有机质和营养的水中迅速繁殖，可作为水体富营养化的指示种类。这一种类在杞麓湖心和湖管站两站点丰度较高，水中大量藻团肉眼可见，如图 7-24 所示。

与星云湖的情况相类似，杞麓湖已演替为藻型湖泊，沉水植被群丛受营养盐和透明度的影响，仅有 3 种类型，分别是篦齿眼子菜群丛、马来眼子菜群丛、苦草＋马来眼子菜群丛，这些群丛都具有相对较高的污染耐受性。

杞麓湖 20 世纪 80 年代土著鱼类种类有 12 种，现状监测得到 6 种，30 年间土著鱼类消失了 50%，仍存在的土著种类包括鲫鱼、泥鳅、中华青鳉、乌鳢、黄鳝、杞麓鲤。与星云湖的情况相类似，水体功能退化、外来物种入侵、酷渔滥捕等因素是造成杞麓湖土著鱼类减少的主要原因。

图 7 - 24　杞麓湖优势种颤藻水华情况

7.2.3.3　物理形态

杞麓湖物理形态为"亚健康",如图 7 - 25 所示。

湖泊萎缩系数　　　　　　　湖泊形态系数

图 7 - 25　杞麓湖物理形态指标得分成果图

杞麓湖现状湖面面积为 35.9km²,相比 20 世纪 80 年代的 41.3km² 减少了 13%,湖泊有明显的萎缩。杞麓湖的湖泊形态系数为 1.07,理论上是一个近圆形的湖泊,其内部效应比较显著。流域范围内的污染物质进入湖泊后将滞留在湖泊内部,而湖内的大量生物消亡也会沉入湖底,不易向外释放。杞麓湖的这种物理形态特性进一步加速了湖泊的退化。

7.2.3.4　流域开发利用

杞麓湖的流域开发利用处于"亚健康"状态,如图 7 - 26 所示。

流域范围内人口为 678 人/km²,湖泊蓄水量的生产值为 328451 万元/亿 m³,表明流域内的社会经济发展对湖泊水资源有较大的需求,给湖泊带了明显的生态压力。杞麓湖流域所在的通海县是农业生产大县,流域内农业用地面积占流域面积的 30.6%,主要种植的作物是蔬菜;从卫星遥感图片可以看到,受限于流域范围东高西低的地理特征,农业用地都分布在西湖岸且紧邻湖泊,因此缺少有效的缓冲作用,且蔬菜种植过程中大量使用的农药化肥等污染物将随地表漫流直接进入湖泊,加速了杞麓湖的富营养化进程,如图 7 - 27 所示。

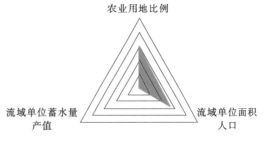

图 7 - 26　杞麓湖流域开发利用指标得分成果图

图 7-27　杞麓湖流域图例利用类型卫星遥感图片

7.2.4　异龙湖

异龙湖的健康状态为"病态","理化结构""生物结构"和"物理形态"几个指标的得分都较低,如图 7-28 所示。

7.2.4.1　理化结构

异龙湖的理化结构为"病态",各项指标的得分较低,如图 7-29 所示。

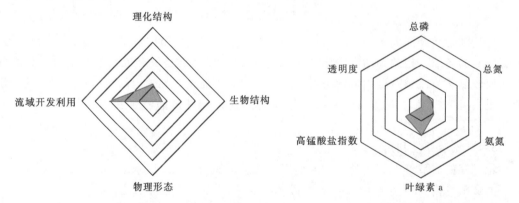

图 7-28　异龙湖结构层指标得分成果图　　　图 7-29　异龙湖理化结构指标得分成果图

异龙湖的水体质量现状为劣Ⅴ类,氮磷营养盐和有机污染物浓度都较高,而透明度仅有 0.2m,湖水已经失去了其基本功能。从营养状态指数计算结果来看,杞麓湖正处于轻度富营养化的状态。

7.2.4.2　生物结构

异龙湖的生物结构为"严重病态",各项水生生物群落结构都受到破坏,如图 7-30 所示。

异龙湖浮游植物丰度达到 1000×10^5 cells/L 的水平,主要的优势种类是蓝藻门的束丝藻,其比例能达到 91%。如此失衡的浮游植物群落结构是藻类水华的主要表现。

与其他两个富营养湖泊相似,已演替成藻型湖泊的异龙湖中沉水植物群丛类型较少,主要优势种类是篦齿眼子菜、马来眼子菜等耐污染的种类。

异龙湖历史记录有土著鱼类 11 种，现状调查中仅存 2 种，种类损失率为 81.8%。在自然发展过程中，异龙湖与外界水系之间，早已造成生态隔离，形成了独立而封闭的生态系统，在人为干扰之前，这个生态系统达到了较为稳定的生态平衡。但自 1952 年以来，深挖河道、开掘隧道等措施导致湖体水位持续下降，湖盆缩小，人为地破坏并压缩了土著鱼类赖以生存的环境；加上放养家鱼对土著鱼类的

图 7-30 异龙湖生物结构得分成果图

竞争、捕食等作用，进一步加大了土著鱼类的生存压力；放养草鱼破坏了水草，而水草是许多土著鱼类重要的产卵场；这些人为因素的破坏给异龙湖的土著鱼类带来了灾难性的影响。1981 年湖水完全干涸，导致包括单纹似鳜、异龙鲤、大鳞白鱼在内的土著鱼类区系灭绝。现存鱼类基本上都是后来放养的外来种。

7.2.4.3 物理形态

异龙湖的形态系数为 2.27，明显呈条带状，湖泊内部效应弱于边缘效应，是一个受边缘干扰较大的湖泊，加之湖泊小纳污能力弱，导致湖泊富营养化较重，如图 7-31 所示。

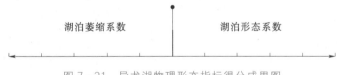

图 7-31 异龙湖物理形态指标得分成果图

异龙湖的现状湖面积为 30.6km²，与 20 世纪 80 年代的 38.9km² 相比减少了 21.3%，湖泊萎缩严重。除了在 1981 年由于自然降水减少、集水区大范围截河堵塘而导致异龙湖出现全湖干涸 20 多天外，在 2012 年异龙湖也出现了大面积的干涸，如图 7-32 所示。

图 7-32 2012 年 10 月异龙湖干涸情况（湖面面积大幅减少）

7.2.4.4 流域开发利用

异龙湖流域开发利用水平处于"健康"状态，如图7-33所示。

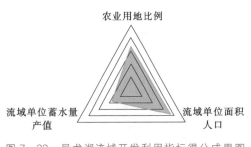

图7-33 异龙湖流域开发利用指标得分成果图

流域范围内人口为474人/km²，湖泊蓄水量的生产值为84673万元/亿 m³，流域内农业用地比例为27%，与其他几个湖泊相比干扰较小。

但碍于异龙湖流域地理特性，城镇、农业用地均分布在湖西北部的湖岸区。由于石屏县城污水处理厂运行不正常，平均日处理量仅为污水处理厂设计能力的45%；全年污水处理量仅是入湖水量的7.0%，93%的水未经处理就直接排入异龙湖。从实地调查中看到，该河流已呈黑臭；加之异龙湖的环境容量较小，因此对湖泊造成明显污染，如图7-34所示。

图7-34 异龙湖西北湖岸入湖河流污染情况

7.2.5 阳宗海

阳宗海健康评价为"亚健康"状态，得分较低的主要是"理化结构"和"生物结构"两部分，如图7-35所示。

7.2.5.1 理化结构

阳宗海的理化结构状态为"亚健康",其中总氮指标的得分最低,如图 7-36 所示。

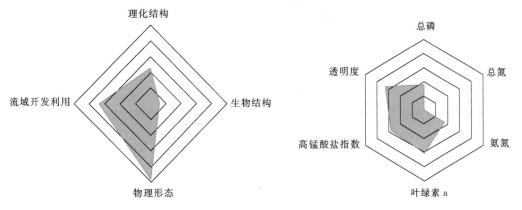

图 7-35 阳宗海结构层指标得分成果图　　图 7-36 阳宗海理化结构指标得分成果图

阳宗海的现状水质总体呈Ⅲ类水,而入湖河流的河口湖区的水质较差,其中阳宗大河入湖口的总氮浓度在 2012 年 8 月的监测中达到了 95mg/L,可见入湖河流给阳宗海带入了大量污染物质。营养状态计算结果显示阳宗海处于中营养状态。若营养物质持续大量输入,阳宗海营养水平将有上升的趋势。

7.2.5.2 生物结构

阳宗海的生物结构为"严重病态",如图 7-37 所示。

阳宗海的浮游植物丰度为 100×10^5 cells/L,其中优势的种类是蓝藻门的水华束丝藻,蓝藻门浮游植物比例达到 90% 以上。入湖河流持续的营养盐输入是造成湖区内浮游植物上升的重要原因。虽然阳宗海浮游植物丰度较高,但在实地调查中未见有明显藻类水华的发生,水体仍保持有较高的透明度。

得益于阳宗海较高的透明度,湖滨带上仍分布有较多的沉水植物,包括微齿眼子菜＋黑藻＋轮藻、微齿眼子菜＋聚草、黑藻＋篦齿眼子菜、微齿眼子菜＋篦齿眼子菜、微

图 7-37 阳宗海生物结构指标得分成果图

齿眼子菜＋篦齿眼子菜＋黑藻等 5 种群丛类型,沉水植被种类和生物量都相对较高。

阳宗海现状土著鱼类有 8 种,包括鲫鱼、泥鳅、黄鳝、乌鳢、抚仙鲚、阳宗金线鲃、阳宗白鱼、单纹似鳡等,较 20 世纪 80 年代的 18 种减少了 55.6%。但其中的土著种类像阳宗海的抚仙鲚、阳宗白鱼、单纹似鳡和阳宗金线鲃等种群数量极低。

7.2.5.3 物理形态

阳宗海的物理形态得分为"很健康",如图 7-38 所示。

图 7-38　阳宗海物理形态指标得分成果图

自 20 世纪 80 年代以来，湖泊面积没有明显的萎缩。阳宗海的形态指数为 1.2，存在一定的边缘效应，主要的干扰源于湖周地区。

7.2.5.4　流域开发利用

阳宗海流域开发评价为"健康"，如图 7-39 所示。

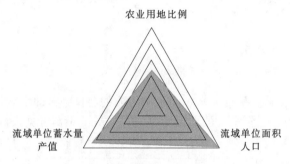

图 7-39　阳宗海流域开发利用指标得分成果图

流域范围内人口为 267 人/km²，湖泊蓄水量的生产值为 33150 万元/亿 m³，农田用地比例占流域面积的 36.4%，表明湖泊来自于流域范围内的干扰相对其他几个湖泊较小，但南北湖岸的农业面源输入仍对湖泊造成较大威胁。

第 8 章

主 要 存 在 问 题

8.1 抚仙湖

8.1.1 水生态环境问题

1. 抚仙湖水质整体保持 Ⅰ 类，局部有向 Ⅱ 类下降的趋势

据多年水质监测结果，湖体水质总体保持在 Ⅰ 类，但总氮平均值为 0.169mg/L，已经非常接近 Ⅰ 类水质标准上限。局部水域污染严重，水污染自北向南、由沿岸向湖心不断推进。值得注意的是，近几年抚仙湖局部水域如南岸大鲫鱼河口、西岸火焰山至波息湾、东岸蒿芝菁、北部沿岸带等沿岸水体，受临岸密集村落及旅游发展的影响，总氮、总磷及有机污染较为严重。水体营养水平增高，湖泊营养状态指数逐渐上升，目前抚仙湖营养状态仍然属于贫营养湖泊，但营养状态指数由 1980 年的 6.8 上升至 2015 年的 20.38，上升了约 2 倍。

2. 部分河流污染严重，东南部水土流失严重

据玉溪市监测站监测数据显示，抚仙湖常规监测的 9 条河流，总氮不参与评价的情况下，2015 年马料河、代村河、东大河、路居、隔河、梁王河、尖山河为 Ⅳ 类，水质达标；牛摩河、山冲河为劣 Ⅴ 类。主要指标为五日生化需氧量、氨氮、总磷、化学需氧量。

根据新增加的 20 条入湖河流观测数据显示：就氨氮指标来看，除位于东南岸山区的直沟河、白石头地沟、青鱼湾新大河、大沟外，所有河流的氨氮都超过了 Ⅱ 类水标准，29％的观测河流为劣 Ⅴ 类水质，其中北岸汇流的马料河、清水沟、马房中沟、窑泥沟、路岐河、新河口、山冲河等河流都远超 Ⅴ 类水限值，位于东岸的蒿芝菁为氨氮浓度最高的河流，超过 Ⅴ 类水限值的 6 倍；就总氮指标来看，所有河流的总氮平均浓度都为劣 Ⅴ 类，达到 Ⅴ 类水限值的 1.6～11.7 倍，大沟、山冲河、镇海营西河、大鲫鱼沟、路岐河、蒿芝菁的总氮浓度相对较高；就总磷指标来看，污染状况依然很严重，所有河流平均浓度值都超过了 Ⅱ 类水标准，43％的观测河流为劣 Ⅴ 类水质，其中北岸多数河流总磷浓度值均超过了 Ⅴ 类水限值，是削减总磷入湖的重点区域，而位于东岸的蒿芝菁为总磷浓度最高的河流，超过 Ⅴ 类水限值的 4.2 倍；化学需氧量的污染程度相对较小，虽然除青鱼湾新大河外，其

他河流都超过了Ⅱ类水标准，但大部分介于Ⅲ～Ⅳ类，北岸的山冲河、镇海营西和东岸的蒿芝箐超过Ⅴ类水限值。

经过"十五""十一五""十二五"期间对抚仙湖流域主要入湖河流的治理，超过50%的入湖河流地表径流量得到治理，提高了主要入湖河流的水质，改善了其周边生态环境，但抚仙湖流域除了东大河、马料河等主要入湖河流外，尚有不少入湖河流或沟渠，如北部的窑泥沟、洗菜沟、独房大沟，南部的大马沟等，这些河沟多流经人口密集区域或河流周围人为活动强烈，河道早已渠道化，失去自净能力，由于长期积纳生活污水、生产与生活垃圾，河道水质污染处于劣Ⅴ类，这些河沟每年输送入湖水量上千万立方米，对抚仙湖带来的影响不容忽视。此外，抚仙湖东南区尚有十多条水土流失严重的入湖河流，由于山体陡立，石漠化严重，河沟落差大，加上长期以来的人为破坏，土壤侵蚀严重，雨季因水土流失携带大量泥沙、可溶态氮和磷入湖，对湖泊水体氮、磷的贡献不可忽视。

3. 水生态环境功能明显下降，水生态系统结构受损

湖内生物群落结构改变，水生态环境功能明显下降。目前抚仙湖水生态系统总体上来说是比较健康的，但生物种群结构变动速度加快。沉水植物种类虽没有明显变化，但分布面积明显扩张，如1980年沉水植物分布面积仅为0.1%，2005年急速扩增为1.51%，2015年则扩增为1.87%；生长于浅滩的着生绿藻——刚毛藻分布面积与生物量逐年增多，2015年其分布面积占沉水植物分布面积的13.3%；浮游植物的种类数、生物量均较2002—2008年明显减少，但蓝绿藻比重明显增加，藻类由清水性种类向喜营养性种类演替，藻类生物量2013—2015年与2011—2012年相比明显增长；浮游动物生物量上升，清水种减少，耐污种增加，导致湖泊水生生态系统功能明显下降，土著鱼类产量极低，鱼类结构明显变化。历史上抚仙湖鱼类共有土著鱼类25种，其中特有鱼类12种。1989年之后，以银鱼为首的外来鱼种逐渐增多，致使土著鱼种急剧减少，2009—2015年银鱼总产量虽有所下降，但仍占鱼类总产量的95%以上，抗浪鱼等土著鱼类产量不足5%。可见，抚仙湖内土著鱼类资源逐渐衰退，并由外来鱼种取代，鱼类区系已经改变，对抚仙湖的水生态系统结构产生了严重的冲击，抚仙湖水生态系统的这种变化特征与湖体水质及富营养化的变化趋势是相对应的，预示着抚仙湖水生态系统结构改变并受损。

4. 水资源短缺、水量平衡缺量逐渐突显，加剧水污染治理难度

抚仙湖流域水资源主要靠降雨地表径流补给，按人均水资源量计算，抚仙湖流域人均水资源量仅354m³/人，远低于玉溪市1864m³/人的平均水平，仅为云南省人均水资源量（4224m³/人）的8.3%，属于水资源紧缺的地区。据历史资料，湖面年降水量不到2亿m³，蒸发损失近3亿m³，加上取用水量，抚仙湖至少需要1.6亿m³陆源补给才能维持水量平衡。近几年连续干旱条件下，抚仙湖水量入不敷出，水位下降了近3m，2014年6月2日，抚仙湖水位曾降到1719.60m，为历史最低，湖容量减少约6.5亿m³。10年内难以恢复正常水位。抚仙湖理论换水周期长达250年，意味着一旦污染将无法逆转。

伴随着湖区周边旅游、房地产等产业的发展，抚仙湖流域用水量会急速增加，水资源

紧缺会更加严重。因此需开展流域层面的节水和水资源保护，科学合理调度流域内水资源，以缓减流域资源性亏水，保障流域用水，从而保护抚仙湖的水资源平衡。

8.1.2 陆域生态环境问题

1. 流域产业结构及布局不尽合理，种植业、养殖业结构减排力度不够，旅游业污染不容忽视

抚仙湖流域产业结构和技术经济仍处于较低端的发展水平。据 2015 年数据分析，流域总产值、万元产值污染物排放量分别为总氮 1.80kg/万元、总磷 0.38kg/万元；其中第一产业万元产值污染物排放量高达总氮 8.04kg/万元、总磷 1.57kg/万元；第二产业万元产值污染物排放量较低，为总氮 0.008kg/万元、总磷 0.85kg/万元；第三产业万元产值污染物排放量为总氮 0.13kg/万元、总磷 0.02kg/万元。可见，农业单位产值污染物排放量最高。流域农业生产仍然以传统方式为主，高污染经济作物（大蒜、菜豌豆）种植和畜禽养殖，在给农民带来一定收入的同时，给流域造成极大的污染。其中种植业方面，全年流域化肥施用量达到 29715t，尤其是抚仙湖流域北岸片区化肥年施用量高达 21786t，占抚仙湖流域化肥施用总量的 73.32%，其中总氮、总磷、氨氮流失量分别为 705.10t/a、172.52t/a、141.02t/a，是流域种植业结构调整的重点区域；畜禽养殖方面，虽然规模化养殖已经逐步迁出流域，但流域内的散养数量仍然较大，畜禽粪便的处置方式较为粗放，多为随意堆放，雨季随雨水进入水系，严重污染水体。2015 年流域畜禽养殖污染物排放量占比仍为各污染源前列，以抚仙湖流域北部和南部为重点控制区域。

旅游业是抚仙湖流域产值最高的产业，但目前流域内主要以"一日游"、乡村旅游的低档产品居多，加之旅游经营方式粗放，开发无序，旅游配套设施跟不上，大多层次较低，缺少高水平、高品位的住宿餐饮设施，无法满足各类游客多层次的消费需求。目前正在开发建设中的项目，大部分是以景观地产为带动的旅游开发项目，倾向于疗养、度假的功能，开发方式和开发规模上较为雷同。这些较为单一的开发对旅游产业的长期发展和抚仙湖的环境保护都非常不利。抚仙湖—星云湖生态建设与旅游发展综合改革试验区被列入云南旅游"二次创业"的综合实验区以来，抚仙湖优质资源吸引大批社会资金投入开发，已有大批的旅游项目落户抚仙湖，目前建设的项目，已对抚仙湖形成合围之势。随着抚仙湖—星云湖生态建设与旅游发展综合改革试验区建设的推进，大批项目的开发建设，将会对抚仙湖流域环境承载力、优质资源等方面产生较大的影响和带来诸多问题：一是大量的工程建设将大面积减少抚仙湖周边天然涵养林面积，改变抚仙湖及其周边原有的生态环境，破坏原生态系统的完整性；二是抚仙湖流域内将产生大规模连片的旅游度假社区，过量的旅游接待将加大湖泊环境的污染负荷。

2. 农业、农村污染仍然是流域的主要污染源，以农村生活污水、畜禽养殖、农田种植为主的面源污染未得到全面有效控制

随着社会经济发展，污染物排放量呈增长趋势，化学需氧量排放量由 1995 年 2390t 增加到 2015 年的 8402.71t，总氮排放量由 1995 年 235t 增加到 2015 年的 2267.74t，总磷排放量 1995 年 24t 增加到 2015 年的 414.81t。在流域入湖污染中，农业农村面源污染产生的化学需氧量、氨氮、总氮、总磷占流域污染源的 82%、86%、76%、79%，仍然

成为抚仙湖最大的污染源。由于生活与生产方式及治理技术等原因，抚仙湖流域农村与农田面源未得到全面有效控制，这些污染物通过地表径流和地层渗漏有相当部分进入湖泊水体，给湖泊生态安全造成了严重威胁。因此，对农村农田面源污染的有效治理是保障抚仙湖生态安全的关键，而农村生活污水、畜禽粪便、农业种植污染是目前抚仙湖农村农田面源污染的主要来源，北部北岸片区和湖盆区是面源污染控制的重点区域。

3. 流域生活污染源比重日益加大，现有污水收集管网和处理设施配套落后

参照近年来流域人口增长情况及 3 县"十二五"规划，人口增长率取 6‰、城镇化水平年增长 5.0% 计算，至 2020 年抚仙湖流域人口预测增长至 17.1 万人，迅速增加的人口数量和城镇化使得城镇生活污染物成倍增加，现有污水收集管网和处理设施配套落后。

近年来，抚仙湖流域经济飞速发展，城乡结合区新建了大量的住宅小区、商业区，新建区的排水工程基本上满足工程建设规划要求，但没有形成一个完整的生活污水收集管网体系。城镇的排水体制基本上为雨污合流制，雨水和污水一部分由排水沟排放，一部分由沿着道路的污水管排放，两者均排入最近的地面水体，最终排入抚仙湖。抚仙湖北岸坝区大部分村落的污水无收集管网接入污水处理厂，这些污水通常经过人工湿地简单处理后就直接排放，达不到净化效果，对抚仙湖形成了极大的威胁。此外，现有排水主管由于地质不均匀沉降及缺乏日常维护管理，管道老化、破裂及淤泥、垃圾堵塞严重，大大降低了其输水能力。

4. 北部磷矿迹地及湖泊面山尚未全面修复，流域水土流失依然严重

磷矿废弃地未全面修复，磷化工残留造成持久磷污染。受历史上磷矿粗放开采的影响，抚仙湖北部磷矿区生态环境曾一度受到毁灭性的破坏，"十一五""十二五"以来，通过矿山停采、磷化工企业关闭与搬迁、部分矿迹修复等工作，磷矿山区域生态环境得到了一定修复，如北岸片区帽天山周边磷矿拱洞山、旧城大山磷矿已经基本修复，大坡头磷化工 1 号、2 号、3 号磷石膏堆渣场已进行了原位封存。但由于磷化工残留污染，如大坡头磷化工遗迹污染源（厂区迹地、矿石堆场、废水池、周边受到污染的农田等），使下游河流如代村河、东大河仍受到严重的磷污染，继而对抚仙湖造成持久性的磷污染。从抚仙湖生态安全保障与磷污染控制来讲，矿山废弃地磷化工残留污染的根治势在必行。

面山生态环境脆弱，陆地生态破坏造成的水土流失仍较严重。经过"十二五"期间的修复，抚仙湖流域森林覆盖率由 23.7% 提高至 31.68%，但现有森林主要分布在远山，即北岸片区的梁王山、提古、养白牛、九村、新村等地，而面山、近山分布甚少，且以草丛、灌丛等为主，林分质量差，目前抚仙湖环湖公路沿线可视域内森林覆盖率仅为 21.92%，同时林地质量参差不齐，植被多样性程度较低，植被组成和结构都呈现明显的次生性。临湖面山大多坡面陡峭，植被覆盖率低，抗侵蚀能力弱。由于人多地少，面山能开垦的区域都早已为耕地，人为频繁的生产活动造成水土流失严重、生态环境恶化，且在人地矛盾的冲击下，面山坡耕地不断扩大，形成面山生态破坏的恶性循环。抚仙湖流域特殊的地貌、地形坡降大，加上地表土质有机质含量不高，暴雨季节地表的侵蚀的泥沙输送量仍非常大，水土流失治理仍是抚仙湖需要解决的重要问题。

5. 流域内部分饮用水源地受到污染，库塘湿地生态节点功能受损，湖滨缓冲带整体生态功能还需进一步维护和完善

抚仙湖流域库塘湿地，如作为流域生态系统的关键节点，起着举足轻重的作用。现有的库塘主要位于抚仙湖入湖河流的上、中游地区，且大部分直接与河流连通，是河流的补给水源，对于流域内的水质、水量净化调节起到十分重要的作用。东龙潭、西龙潭和梁王河水库是抚仙湖北部北岸片区城主要饮用水源地或备用水源，目前水质达到其水质保护功能要求。近年来，由于受附近村落生活污水、生活垃圾、畜禽粪便和农田面源污染等的影响，水体水质受到污染，水库周边生态破坏严重，饮用水源地安全受到威胁，作为抚仙湖流域库塘湿地的重要部分，其水资源调节和水质净化作用难以充分发挥，对入湖河流及抚仙湖的保护不利，急待修复和完善。

"十二五"期间在澄江、江川、华宁 3 县实施了缓冲带内"退田、退房、退塘"还湖一期工程，初步构建抚仙湖环湖 100km 长、宽窄不等的乔-灌-草复合系统，使抚仙湖缓冲带生态修复面积达缓冲带总面积的 25.5%。北岸片区由于缓冲带面积较大，建设涉及搬迁 20 个村庄 4336 户农户近 1.4 万人和 12 家企事业单位，建设难度较大，所需资金量较大，因此该区段缓冲带尚未完全修复。此外，缓冲带初步修复后，还应加强对新修复的缓冲带的管护，防止缓冲带内复耕、种植农作物的现象，并及时对缓冲带植被进行养育，以保障缓冲带生态功能良好，使其逐步形成自然的乔-灌-草复合系统，有效发挥对污染物的截留净化作用。

8.2 星云湖

8.2.1 水生态环境问题

1. 湖内污染底泥累积，蓝藻水华频发，生态健康恶化

星云湖污染底泥累积量达 1541.98 万 m^3，分为污染层（湖底 0～40cm）、过渡层（湖底 41～120cm）、正常湖泥层（湖底 120cm 以下）。底泥污染层中，总氮平均值 1254mg/kg、最大值达 2100mg/kg，总磷平均值 1192mg/kg、最大值达 3138mg/kg，均属于国内湖泊底泥养分含量较高值。

自 2002 年 5 月 31 日星云湖水华暴发以来，迄今全湖几乎全年存在以铜绿微囊藻为优势种的大面积蓝藻。近几年星云湖水体透明度仍在持续下降，富营养化仍在发展，蓝藻水华持续发生，成为星云湖亟待解决的首要环境问题。星云湖水生生态系统显著退化，沉水植物大量减少，耐污种类红线草成为优势种群；水葫芦大量繁殖，二次污染严重。

2. 湖体水质为劣Ⅴ类，主要入湖河流污染严重，星云湖水环境改善面临极大挑战

由于星云湖流域社会经济、工农业生产高速发展，流域人类活动压力增加，致使入湖污染负荷持续增大，湖泊水质快速下降。星云湖 2000 年前水质尚好，处于Ⅲ类水质状况；2000 年后，全湖水质迅速下降为Ⅳ类、Ⅴ类水，2003 后基本处于Ⅴ类与劣Ⅴ类。

2015 年有观测数据的 8 条主要入湖河流的水质类别，劣Ⅴ类的有 3 条，Ⅴ类的有 2

条，Ⅳ类的有 3 条，中轻度污染主要影响因子是溶解氧，重度污染的河流主要影响因子是氨氮、总磷、化学需氧量和五日生化需氧量。主要入湖河流中，螺蛳铺河、东西大河、大街河、渔村河、大庄河等五条河流污染尤为严重，超标污染物均有氮、磷，且超标倍数最大。5 条河流径流量占陆域径流量的 52%，占河流入湖径流量的 69%，是入湖污染物的主要通道。

按目前发展趋势，预计到 2020 年，星云湖流域主要污染物化学需氧量、总氮、总磷入湖量分别为 8084.73t、1508.61t、306.96t，较 2015 年分别增加 60.09%、19.30%、12.16%。外源负荷的增加使星云湖水质改善面临极大挑战。

8.2.2　陆域生态环境问题

1. 陆域森林生态系统脆弱，局部水土流失严重，磷矿开采迹地亟待恢复

受人类活动长期干扰破坏，星云湖流域内地带性植被半湿润常绿阔叶林已基本消失，主要以受人类干扰后形成的云南松林、华山松林和灌丛为主，森林生态系统结构简单，组成单一，生态系统服务功能不强。现有森林空间分布不均，主要分布在西河上游、照壁山、雨西山等远山区域，而近山、面山区域分布甚少，对湖泊沿岸防护效能差。

星云湖径流区水土流失面积达 $103km^2$，占流域面积的 27.8%，全年土壤侵蚀总量约 34 万 t，入湖泥沙量 13 万 t/a。

2. 综合治污体系尚不完善

从"十五"开展星云湖流域污染防治工作以来，星云湖综合整治体系基本形成，一定程度上减缓了星云湖水质恶化的趋势，但污染治理体系尚不完善，主要表现在以下几个方面。

（1）城镇生活污水设施配套管网尚未完善，北片区污水处理厂仅达到设计规模的 7.22%，流域治污设施缺乏市场化与专业化运维管护机制，管护资金匮乏，后期管护不到位，致使治污设施环境效益未能有效发挥。

（2）主要入湖河流仅有东西大河、大街河、螺蛳铺河、渔村河 4 条河开展了流域综合治理，学河、大庄河、大龙潭河、周德营河等主要入湖河流仍未开展综合治理，对湖体水质仍造成较大影响。

（3）农村"两污"环境综合治理尚不完善，依然有 43.8% 的自然村没有开展；畜禽养殖污染治理和资源化利用主要集中在畜禽粪便，畜禽尿液污染治理和资源化利用不够彻底；农村生活垃圾没有完全得到安全处置，大部分自然村的垃圾都是自行堆放，存在二次污染的安全隐患；农业面源污染治理成效不显，主要依托测土配方施肥技术推广的治理方式，没有改变农民原有的化肥使用习惯，再加上蔬菜种植规模进一步扩大，成为星云湖污染物入湖量主要污染源。

8.3　杞麓湖

从水环境质量、污染负荷控制、清洁水资源保障、生态建设、环境管理 5 个方面列出杞麓湖主要环境问题清单，具体见表 8-1。

表 8 - 1 杞麓湖流域主要环境问题清单

主题层	问题层	备注
水环境质量	杞麓湖水质长期处于劣Ⅴ类，主要污染因子是总氮、化学需氧量	水质恶化是流域环境问题的集中体现
	入湖河道水质长期处于劣Ⅴ类，但化学需氧量低于湖体水质，总氮、总磷高于湖体水质	
	2010年以来杞麓湖水质总体上出现倒U形变化趋势，拐点出现在2013年，与连续干旱、水资源锐减直接相关	水质与雨水量问题共存共生，出现湖泊演替关键点
	多年连续干旱将杞麓湖水质不利演替趋势提前暴露，水质浓度与水资源量高度负相关，这与作为流域主要污染源排污入湖的动力机制是相适应的	
污染负荷控制	污染入湖总量超过杞麓湖水环境容量	削减入湖负荷是核心
	入湖污染物主要通过工农业取水及湖内沉降、转化、消解等途径代谢（"十二五"期间无外泄水量），湖体水质取决于净入湖污染物量与湖内污染物代谢能力博弈结果	
	农业农村污染、城镇化提速是流域主要污染负荷源，降雨驱动是陆域污染物入湖的主要动力	重点控制
	底泥释放是影响杞麓湖水质的另一重要污染源	
	治污控污体系与污染负荷控制需求不完全匹配	查漏补缺，全面完善
	"十二五"期间完成的水环境保护治理工程，仅有效地控制了污染增量，存量削减效果不佳	
	部分已建污染治理设施因缺乏运维经费而不能长期、稳定发挥环境效益	解决遗留问题
清洁水资源保障	陆域清水入湖通道被阻断，流域层面水资源以清污合流方式入湖	清污分流，清水入湖
	以高强度农业支撑的农民增收与杞麓湖水环境保护治理的矛盾是流域资源性缺水的根源，经济社会发展超过水资源承载力	水资源合理利用
	中水回用设施及网络建设滞后	综合利用
	农业灌溉是流域最大的水资源用户	重点控制
	杞麓湖流域内外水力联系因多年连续干旱而被阻断，杞麓湖作为流域受污染水资源的终点，在旱季浓缩特征极为显著	重建污水循环
生态建设	流域生态恶化趋势尚未得到根本控制	生态恢复
	库塘、河道等生态系统受干扰严重，污染拦截功能退化	
	水生生态持续退化，长期处于重度富营养化水平	
	工农业、城镇用地与生态用地在空间上竞争较为激烈	空间管制
	湖滨带生态功能逐步丧失	
	入湖污染物在湖内大量沉积，底栖生物生境受损严重	内源清除
	南部沼泽化趋势未得到有效控制	
环境管理	水环境管理尚未完成由"末端控制"向"源头预防"转变	生态文明体制改革
	环境成本尚未真正作为经济社会发展成本参与决策，环境保护更多时候为后验式的经济投入补偿	
	治污控污能力增长较快，但空间覆盖范围滞后	
	流域水污染物排放标准、总量控制制度等尚未建立	
	支撑科学保护杞麓湖的基础研究体系尚未建立	
	环保局在"运动员"和"裁判员"之间难以清晰定位	
	以水环境质量改善为核心的监测监管监控体系尚未建立	
	《云南省杞麓湖保护条例》未得到严格落实	

8.4　异龙湖

8.4.1　水生态环境问题

1. 主要入湖河流水质污染问题仍然突出，清水入湖未得到保障

异龙湖 7 条主要入湖河流基本为劣Ⅴ类，城河近年来水质呈持续改善趋势，但 2015 年总氮和氨氮仍然是Ⅴ类水限值的 2.7 倍和 1.3 倍。目前已实施的北水南调工程，调水工程末端甸中河现状水质除总氮外，其余指标能够满足Ⅲ类水质要求，高冲水库除总氮（Ⅳ类）外，其余指标达到Ⅱ类水质标准，但经城河（或城南河）补入异龙湖，由于接纳了沿途农业农村污水、部分城市生活污水以及豆制品生产废水后，水质为Ⅴ～劣Ⅴ类，主要超标指标为化学需氧量、总氮，尤其在城河进入县城前中段（松村至老林业局）水质较差，化学需氧量、总氮 浓度高达 90mg/L、6.15mg/L，无法达到清水入湖的目的。

2. 资源性缺水问题突出，湖体自净功能下降，加大水质改善难度

异龙湖流域径流区年产水量 4182 万 m^3；而现状需水量为 5700 万 m^3，其中农业灌溉需水量 2400 万 m^3，年均蒸发量 3300 万 m^3，资源性缺水问题突出。2015 年异龙湖人均水资源量约 284m^3，仅为全国的 11.8%、云南省的 5%。水资源利用率超过 60%，大大超过国际公认的合理限度 40%。2009 年以来连续 4 年的严重干旱，使异龙湖蓄水大幅度减少，2013 年 6 月蓄水量仅为 1573 万 m^3，截至 2016 年 3 月底，湖泊蓄水量为 6154 万 m^3，仅为正常水位 1414.2m 容量 11605 万 m^3 的 53%，需多年调节才能恢复正常水位运行。加之，北水南调生态补水工程为天然河道输水，沿途水量损失较大；小水湾、青鱼湾段湖堤存在向外渗漏现象，每年渗漏量约 700 万 m^3；县城截污管网不完善，雨季大量低污染水混入生活污水，经青鱼湾隧洞下泄至流域外，流域水资源问题更加突显，仅污水处理尾水排至流域外的水量每年近 500 万 m^3。近几年来，异龙湖一直持续低水位运行，始终没有形成出流，水动力条件差，水体未得到置换，多年存量的污染负荷无法排泄，对水生态系统造成极大影响，湖体自净能力大大降低，进一步加大水质改善难度。

3. 湖泊水位变幅较大，流域生态系统退化严重，水生态环境风险增大

20 世纪 50—80 年代，受放水发电、围湖造田、打通青鱼湾隧洞大规模放水等人为干扰影响，异龙湖湖泊水位下降了 5m，湖面面积由约 52km² 减少至 31km²，形成了目前的湖泊水体及湖滨带格局，湖泊自然属性和功能明显减弱，人为干预程度加大，湖泊抵御极端干旱气候的自身调节能力大幅度下降，1983 年曾发生干涸，2009 年以前人工持续高水位运行，2013 年受连续干旱的影响，水位又下降至正常蓄水位的 1/10。水位的大幅变化，对异龙湖水生态系统产生了"灾变式"的影响。近 20 年来，异龙湖的富营养化状态指数值始终高于 50，处于富营养化状态，2009—2013 年富营养化指数均高于 78，最近两年有所下降，但也高于 60。湖泊水生生态系统极度脆弱，基本处于"草-藻"稳态共存状态，伴随干旱、湖泊水位急剧下降，由草-藻型湖泊向富营养化草型湖泊逐步转变。异龙湖湖体水质可生化性差，水生植物群落结构也随之发生巨大变化，加之异龙湖天然湖滨带曾受到严重的人为干扰和破坏，目前湖滨带水生植物群落结构渐趋单一，生物多样性降低，严

重影响了生态平衡。近年来，随着局部湖区水质的改善，沉水植物有所恢复，但仍然是以红线草、狐尾藻等耐污种为主的单一群落，挺水植物基本为香蒲、芦苇为主的单优群落，占湖体水面面积的近 1/3，若湖泊一直持续低水位，还将面临沼泽化的风险。

8.4.2　陆域生态环境问题

异龙湖流域内森林生态系统脆弱，以杨梅、枇杷等特色经济林果为主的种植模式已逐渐取代传统种植，农业开发强度不断加大，且普遍用水效率不高，用水消耗大，旱季与湖争水现象非常突出，加之农药化肥利用率低，大量未被利用的农药化肥随着地表径流和农田排水最终排入异龙湖。异龙湖主要入湖污染负荷中，农村生活和散养畜禽污染物入湖量化学需氧量、总氮、总磷和氨氮分别占入湖总量的 51.4%、45.1%、49.0%、70.4%，此部分污染负荷的削减任务重，削减难度较大，且治污工程的环境效益在短期内难以体现，成为制约异龙湖水质大幅度改善的主要因素。主要入湖河流城河沿岸分布有大量茨菇田，每季亩均底肥和生长期化肥用量为 305.9kg/亩，为国家平均化肥施用量的 6 倍，农田退水污染严重，4 次采样化学需氧量、总氮 监测浓度平均为 85.17mg/L、41.77mg/L，对城河的污染影响比较突出。异龙湖流域现有农村人口 10.358 万人，截至目前仅完成 32 座沿湖沿河村落污水处理设施和松村污水处站的建设，且现有处理设施普遍存在因资金问题运维管理难以落实、收集管网不完善、管道堵塞、村落污染治理设施出现无水可处理等问题，削减效益不明显。

8.5　阳宗海

8.5.1　水生态环境问题

1. 湖体水质波动变化，存在富营养化风险

20 世纪 90 年代前，阳宗海水质一直保持在 II 类，处于贫营养状态。由于网箱养鱼、不恰当的旅游开发和热电厂废水污染，导致水质迅速变差，在 20 世纪 90 年代变为 III 类。

2008 年 6 月起由于阳宗海水质受到严重的砷污染，水体砷浓度最高值达到 0.134mg/L，超过 III 类水质标准限值（0.05mg/L），水质类别迅速下降为劣 V 类。在云南省省委、省政府和昆明市市委、市政府的高度重视下，采取了各种有效治理措施，使阳宗海砷污染物浓度持续下降，水质类别由劣 V 类恢复至 IV 类。2015 年砷浓度为 0.052mg/L，已接近 III 类水质目标。但在砷浓度稳步下降的同时，湖体水质中总氮浓度呈现上升趋势，2011 年阳宗海总氮浓度为 0.56mg/L，2015 年增至 0.78mg/L，湖体营养状态为中营养，存在富营养化风险。

2. 湖滨新兴开发区污染进一步加剧，流域水环境保护工作压力较大

以湖滨旅游和房地产开发带动的新兴开发区逐年扩大。由于历史原因，阳宗海水域湖滨带附近审批建设的开发项目过多，沿岸土地基本上都已经被占用，随着阳宗海流域旅游及房地产项目的建成，阳宗海周边的人口密度将会大幅度提升，旅游、房地产开发所带来的污染问题将进一步显现，使流域水环境保护工作压力剧增。具体表现为阳宗海东岸春城

高尔夫球场和北岸柏联旅游度假区附近的水域水质感观明显较其他水域差。随着国土资源学校等新一批项目的入驻，新一轮旅游及房地产开发热潮再度升温，阳宗海的水质正面临严峻挑战。

3. 流域水资源匮乏，平衡能力差

阳宗海流域面积小，天然补给水资源有限，多年平均天然补给水资源量仅 7079 万 m³，1959 年 11 月修建摆依河引洪渠，在雨季将摆依河水引入阳宗海，多年平均引水量为 1766 万 m³，扣除蒸发水量约 3683 万 m³，阳宗海多年平均实际可用水资源量仅为 5162 万 m³，却承担着繁重的供水任务，不仅担负着下游 4.5 万亩农田的灌溉（多年平均灌溉用水量 3200 万 m³），每年还向宜良第四自来水厂供水 350 万 m³，向周边工矿企业供水 1500 万 m³，向旅游业供水 300 万 m³。流域水资源量长期偏低，且水资源开发利用程度较高，影响了阳宗海水资源量的供给平衡，占用了阳宗海生态用水，造成阳宗海水体置换周期长达 10 年。近年来随着周边经济发展，阳宗海供水水量逐年增加，流域水资源难以维持平衡的问题更加突出。

8.5.2 陆域生态环境问题

1. 陆域砷污染源切断后，高砷地下水泄渗仍是湖泊砷污染的潜在风险

通过采取工程和非工程措施，阳宗海砷浓度有了明显改善，但仍然不稳定，水质在 Ⅲ～Ⅳ 类波动。虽然已经实施砷污染综合治理工程，消除了陆域砷污染源。但 2015 年 6 月对阳宗海周边泉眼及其附近湖体的加密监测结果显示，西南岸泉眼中心砷浓度 1.783mg/L，远高于其围挡外侧的砷浓度，同期阳宗海全湖砷浓度总体上也呈现出南高北低的趋势，存在高砷地下水泄渗的潜在风险。

2. 面源是流域主要污染源，治理难度大

农村农业面源是阳宗海流域的主要污染源，有 64% 的氮磷污染来自于农村农业面源。阳宗海流域内耕地面积共 3.60 万亩，曾经主要以种植水稻等粮食作物为主，随着农业产业结构的调整，现主要以种植蔬菜为主，复种指数、施肥量等大幅增加，日益增加的化肥流失给阳宗海水环境带来巨大的威胁。同时，流域内居民绝大多数为农业人口，占流域内总人口的 71%，所排放生活污水难以收集，旱季基本被土地吸收，雨季经暴雨冲刷进入附近沟渠，治理难度大。从阳宗海水质来看，进入雨季后水质指标急剧上升，雨季水质明显较差，表明面源污染对阳宗海水环境已造成较大污染。

第 9 章

总　　结

本书在珠江流域高原湖泊水生态监测工作的基础上，综合国内外湖泊健康评估的成果，建立了珠江流域高原湖泊健康评估体系，并对流域内五大高原湖泊进行健康评估，对各湖泊存在的水生态问题进行了诊断分析。

本书总结了学术界当前提出的生态系统健康概念，结合珠江流域高原湖泊实际情况，综合考虑自然、经济社会因素，认为湖泊生态系统的健康，从生态学角度讲，应是自然-经济-社会复合生态系统的稳定，对外界不利因素具有抵抗力；从社会经济角度讲，能持续提供居民完善的生态服务功能。

在建立珠江流域高原湖泊健康评估的指标体系时，本书吸取了以往生态系统健康评估的经验和不足，不单单从生态自身角度选取指标，还考虑到了影响高原湖泊生态健康的外界干扰因子对湖泊影响，选取的指标比较全面，基本上能够较完整地反映高原湖泊的健康状态。这样的评估体系既体现了前人关于一般生态系统健康概念的基本思想，又符合珠江流域高原湖泊生态系统特征，并且这些指标通过数据统计、实地测量、比较计算等方式比较容易获得，所以应用起来比较方便，很容易将指标运用到其他湖泊的生态健康评估中去，因此具有一定的推广价值。另外，在构建珠江流域高原湖泊健康评估的指标体系过程中，本书使用了大量的数理统计方法，评价指标的筛选、指标权重的确定、评估等级划分以及评估模型构建均经过了严密的数学统计推导过程，与国内目前湖泊健康评估方法中常用的"主观判断赋分法"相比，降低了主观随意性，是对国内现有湖泊健康评估方法的有益补充。

由于生态系统健康是一个相对新的领域，尤其是湖泊生态系统健康，其概念、理论和评价方法都处于探索阶段，国内外学术界对此方面的研究成果不多。本书对珠江流域高原湖泊生态系统健康评估的研究还只是探索性的工作，由于评估所需要的数据较少，且由于资料有限，能力、时间和精力的限制，书中还存在一些不足之处。

在今后的研究工作中，应加强对高原湖泊水生态系统的调查，不断丰富调查内容。有了这些数据之后，可以进行以下评价：

（1）采用纵向对比，分析各典型高原湖泊的历史演变，通过对不同时期高原湖泊健康状态的评估，分析高原湖泊健康演变规律，在对数据序列分析的基础上，预测各指标将来的发展趋势，进而用模型预测高原湖泊健康的发展态势，为相关部分的保护工作提供有力的科学依据，并能提出一些有针对性的保护措施。

（2）不同区域高原湖泊的环境状况不同，需要对各区域高原湖泊进行分析研究，通过丰富的调查资料分析，能够对各个湖泊不同区域进行健康评估，分析各区域健康状况差异，寻找影响湖泊健康状况的关键因子，进行针对性的保护工作。

（3）同一湖泊不同时期健康状况不同，一年四季内，湖泊水文、水质、生物量、植物覆盖度、生态敏感性各异，对高原湖泊要分时进行健康评估，通过分析各个时段健康状况，预测年内的变化趋势来为高原湖泊管理提供科学依据，如休渔期设定、生态修复工程建设时间安排等。总之，评估得越细致，对政策和措施的制定起的作用越大。

附录Ⅰ：珠江流域高原湖泊水生态健康监测示意图

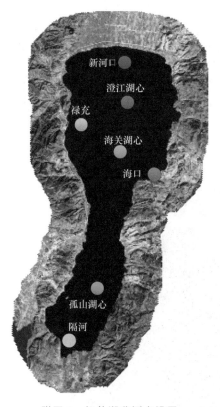

附图 1　抚仙湖监测点设置

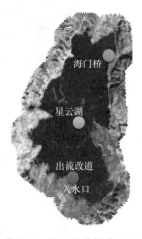

附图 2　星云湖监测点设置

附图 3　杞麓湖监测点设置

附图4　异龙湖监测点设置

附图5　阳宗海监测点设置

附录Ⅱ：珠江流域高原湖泊常见浮游植物名录

附表1 珠江流域高原湖泊常见浮游植物名录

序号	属名	种名	拉丁名
1	集球藻	集球藻	*Palmellococcus* sp.
2	聚球藻	聚球藻	*Synechococcus* sp.
3	腔球藻	不定腔球藻	*Coelosphaerium dubium*
4	腔球藻	胶球藻	*Coccomyxa* sp.
5	色球藻	微小色球藻	*Chroococcus minutus*
6	色球藻	小型色球藻	*Chroococcus minor*
7	色球藻	膨胀色球藻	*Chroococcus turgidus*
8	色球藻	色球藻	*Chroococcus* sp.
9	束球藻	湖生束球藻	*Gomphosphaeria lacustris*
10	胶须藻	浮游胶须藻	*Rivularia natans*
11	隐球藻	细小隐球藻	*Aphanocapsa elachista*
12	隐球藻	隐球藻	*Aphanocapsa* sp.
13	隐杆藻	隐杆藻	*Aphanothece* sp.
14	粘球藻	点状粘球藻	*Gloeocapsa punctata*
15	粘球藻	粘球藻	*Gloeocapsa* sp.
16	平裂藻	平裂藻	*Merismopedia* sp.
17	平裂藻	微小平裂藻	*Merismopedia tenuissima*
18	平裂藻	细小平裂藻	*Merismopedia minima*
19	平裂藻	银灰平裂藻	*Merismopedia glauca*
20	平裂藻	优美平裂藻	*Merismopedia elegans*
21	微囊藻	水华微囊藻	*Microcystis flos-aquae*
22	微囊藻	铜绿微囊藻	*Microcystis aeruginosa*
23	微囊藻	微囊藻	*Microcystis* sp.
24	颤藻	颤藻	*Oscillatoria* sp.
25	席藻	席藻 sp2	*Phormidium* sp. 2
26	席藻	席藻 sp1	*Phormidium* sp. 1
27	柱胞藻	柱胞藻	*Cylindrospermum* sp.
28	念珠藻	念珠藻	*Nostoc* sp.
29	鱼腥藻	鱼腥藻	*Anabaena* sp.

续表

序号	属名	种名	拉丁名
30	假鱼腥藻	假鱼腥藻	*Pseudanabaena* sp.
31	泽丝藻	泽丝藻	*Lothrix* sp.
32	束丝藻	水华束丝藻	*Aphanizomenon fios－aquae*
33	束丝藻	束丝藻	*Aphanizomenon* sp.
34	尖头藻	弯形尖头藻	*Raphidiopsis curvata*
35	尖头藻	尖头藻	*Raphidiopsis* sp.
36	席藻	席藻	*Phormidium* sp.
37	浮丝藻	浮丝藻	*Planktothrix* sp.
38	螺旋藻	螺旋藻	*Spirulina* sp.
39	螺旋藻	大螺旋藻	*Spirulina major*
40	螺旋藻	极大螺旋藻	*Spirulina maxima*
41	被刺藻	被刺藻	*Franceia* sp.
42	顶棘藻	极毛顶棘藻	*Chodatella cilliata*
43	顶棘藻	长刺顶棘藻	*Chodatella longiseta*
44	顶棘藻	十字顶棘藻	*Chodatella wratislaviensis*
45	顶棘藻	顶棘藻	*Chodatella* sp.
46	多芒藻	放射多芒藻	*Golenkinia radiata*
47	多突藻	多突藻	*Polyedriopsis* sp.
48	四棘藻	四棘藻	*Attheya* sp.
49	四胞藻	四胞藻	*Tetraspora* sp.
50	四星藻	短刺四星藻	*Tetrastrum staurogeniaeforme*
51	四星藻	四星藻	*Tetrastrum* sp.
52	十字藻	四足十字藻	*Crucigenia tetrapedia*
53	十字藻	四角十字藻	*Crucigenia quadrata*
54	十字藻	十字藻	*Crucigenia* sp.
55	四角藻	膨胀四角藻	*Teraëdron tumidulum*
56	四角藻	微小四角藻	*Teraëdron minimum*
57	四角藻	三角四角藻	*Teraëdron trigonum*
58	衣藻	尖顶衣藻	*Chlamydomonas augur*
59	衣藻	突变衣藻	*Chlamydomonas mutabilis*
60	衣藻	顶角衣藻	*Chlamydomonas* sp.
61	衣藻	卵形衣藻	*Chlamydomonas ovalis*
62	衣藻	衣藻	*Chlamydomonas* sp.
63	小球藻	小球藻	*Chlorella* sp.
64	小箍藻	小箍藻	*Trochiscia* sp.

序号	属名	种 名	拉 丁 名
65	小箍藻	网纹小箍藻	*Trochiscia reticularis*
66	实球藻	实球藻	*Panrina morum*
67	空球藻	空球藻	*Eudorina* sp.
68	团藻	团藻	*Volvox* sp.
69	盘藻	盘藻	*Gonium* sp.
70	球囊藻	球囊藻	*Sphaerocystis* sp.
71	韦斯藻	线形拟韦斯藻	*Westellopsis linearis*
72	韦斯藻	韦斯藻	*Wislouchiella* sp.
73	球四鞭藻	球四鞭藻	*Carteria globosa*
74	浮球藻	浮球藻	*Planktosphaeria* sp.
75	胶囊藻	巨型胶囊藻	*Gloeocystis gigas*
76	胶囊藻	胶囊藻	*Gloeocystis* sp.
77	卵囊藻	波吉卵囊藻	*Oocystis borgei*
78	卵囊藻	单生卵囊藻	*Oocystis solitaria*
79	卵囊藻	小型卵囊藻	*Oocystis parva*
80	卵囊藻	卵囊藻	*Oocystis* sp.
81	肾形藻	肾形藻	*Nephrocytium* sp.
82	蹄形藻	蹄形藻	*Kirchneriella lunaris*
83	月牙藻	端尖月牙藻	*Selenastrum westii*
84	月牙藻	月牙藻	*Selenastrum bibraianum*
85	双月藻	双月藻	*Dicloster* sp.
86	空星藻	球状空星藻	*Coelastrum sphaericum*
87	空星藻	网状空星藻	*Coelastrum reticulatum*
88	空星藻	小空星藻	*Coelastrum microporum*
89	空星藻	空星藻	*Coelastrum* sp.
90	胶网藻	美丽胶网藻	*Dictyosphaerium pulchellum*
91	胶网藻	胶网藻	*Dictyosphaerium* sp.
92	集星藻	集星藻	*Actinastrum* sp.
93	群星藻	群星藻	*Sorastrum* sp.
94	盘星藻	短棘盘星藻	*Pediastrum boryanum*
95	盘星藻	单角盘星藻	*Pediastrum simplex*
96	盘星藻	单角盘星藻具孔变种	*Pediastrum simplex var. duodenarium*
97	盘星藻	单角盘星藻 echinulatum 变种	*Pediastrum simplex var. echinulatum*
98	盘星藻	二角盘星藻纤细变种	*Pediastrum duplex var. gracillimum*
99	盘星藻	二角盘星藻	*Pediastrum duplex*

序号	属名	种　名	拉　丁　名
100	盘星藻	二角盘星藻 rugulusom 变种	*Pediastrum duplex var. rugulusom*
101	盘星藻	四角盘星藻	*Pediastrum tetras*
102	盘星藻	四角盘星藻四齿变种	*Pediastrum tetras var. tetraon*
103	栅藻	被甲栅藻	*Scenedesmus armatus*
104	栅藻	多棘栅藻	*Scenedesmus spinosus*
105	栅藻	二尾栅藻	*Scenedesmus bicaudatus*
106	栅藻	二形栅藻	*Scenedesmus dimorphus*
107	栅藻	丰富栅藻	*Scenedesmus abundans*
108	栅藻	厚顶栅藻	*Scenedesmus incrassatulus*
109	栅藻	尖细栅藻	*Scenedesmus acuminatus*
110	栅藻	双对栅藻	*Scenedesmus bijuga*
111	栅藻	四尾栅藻	*Scenedesmus quadricauda*
112	栅藻	椭圆栅藻	*Scenedesmus ovalternus*
113	栅藻	弯曲栅藻	*Scenedesmus arcuatus*
114	栅藻	弯曲栅藻扁盘变种	*Scenedesmus arcuatus var. platydiscus*
115	栅藻	扁盘栅藻	*Scenedesmus platydiscus*
116	栅藻	龙骨栅藻	*Scenedesmus carinatus*
117	栅藻	Scenedesmus protuberans	*Scenedesmus protuberans*
118	栅藻	斜生栅藻	*Scenedesmus obliquus*
119	栅藻	栅藻	*Scenedesmus* sp.
120	小椿藻	近直小椿藻	*Characiaceae substrictum*
121	小桩藻	小桩藻	*Characium* sp.
122	弓形藻	弓形藻	*Schroederia* sp.
123	弓形藻	硬弓形藻	*Schroederia robusta*
124	弓形藻	拟菱形弓形藻	*Schroederia nitzschioides*
125	绿梭藻	华美绿梭藻	*Chlorogonium elegans*
126	绿梭藻	绿梭藻	*Chlorogonium* sp.
127	纤维藻	卷曲纤维藻	*Ankistrodesmus convolutus*
128	纤维藻	镰形纤维藻	*Ankistrodesmus falcatus*
129	纤维藻	狭形纤维藻	*Ankistrodesmus angustus*
130	纤维藻	镰形纤维藻奇异变种	*Ankistrodesmus falcatus var. mirabilis*
131	纤维藻	纤维藻	*Ankistrodesmus* sp.
132	并联藻	并联藻	*Quadrigula* sp.
133	纺锤藻	纺锤藻	*Elakatothrix gelatinosa*
134	微胞藻	池生微胞藻	*Microspora stagnorum*

续表

序号	属名	种名	拉丁名
135	钝鼓藻	钝鼓藻	*Cosmarium obtusatum*
136	鼓藻	扁鼓藻	*Cosmarium depressum*
137	鼓藻	光滑鼓藻	*Cosmarium leave*
138	角星鼓藻	肥壮角星鼓藻	*Staurastrum pingue*
139	角星鼓藻	四角角星鼓藻	*Staurastrum tetracerum*
140	角星鼓藻	纤细角星鼓藻	*Staurastrum gracile*
141	鼓藻	多形角星鼓藻	*Staurastrum polynterphum*
142	鼓藻	近缘鼓藻	*Cosmarium connatum*
143	鼓藻	鼓藻	*Cosmarium* sp.
144	新月藻	项圈新月藻	*Closterium moniliferum*
145	新月藻	小新月藻	*Closterium venus*
146	新月藻	纤细新月藻	*Closterium gracile*
147	新月藻	拟新月藻	*Closteriopsis* sp.
148	新月藻	新月藻	*Closterium* sp.
149	双星藻	双星藻	*Zygnema* sp.
150	水绵	水绵	*Spirogyra* sp.
151	水绵	水绵 sp. 1	*Spirogyra* sp. 1
152	水绵	水绵 sp. 2	*Spirogyra* sp. 2
153	转板藻	微细转板藻	*Mougeotia parvula*
154	转板藻	转板藻	*Mougeotia* sp.
155	针丝藻	针丝藻	*Raphidonema* sp.
156	丝藻	丝藻	*Ulothrix* sp.
157	小环藻	梅尼小环藻	*Cyclotella meneghiniana*
158	小环藻	小环藻	*Cyclotella* sp.
159	小环藻	小环藻 sp. 2	*Cyclotella* sp. 2
160	小环藻	小环藻 sp. 3	*Cyclotella* sp. 3
161	小环藻	小环藻 sp. 1	*Cyclotella* sp. 1
162	圆筛藻	圆筛藻	*Coscinodiscus* sp.
163	卵形藻	卵形藻	*Cocconeis* sp.
164	双眉藻	双眉藻	*Amphora* sp.
165	针杆藻	尖针杆藻	*Synedra acus*
166	针杆藻	肘状针杆藻狭细变种	*Synedra ulna* var. *constracta*
167	针杆藻	针杆藻	*Synedra* sp.
168	脆杆藻	钝脆杆藻	*Fragilaria capucina*
169	脆杆藻	克洛脆杆藻	*Fragilaria crotomensis*

序号	属名	种名	拉丁名
170	脆杆藻	脆杆藻	*Fragilaria* sp.
171	等片藻	等片藻	*Diatoma* sp.
172	扇形藻	扇形藻	*Meridion* sp.
173	弯楔藻	弯楔藻	*Rhoicosphenia* sp.
174	楔形藻	楔形藻	*Licmophora* sp.
175	辐节藻	双头辐节藻	*Stauroneis anceps*
176	辐节藻	辐节藻	*Stauroneis* sp.
177	布纹藻	尖布纹藻	*Gyrosigma acuminatum*
178	舟形藻	盐生舟形藻	*Navicula salinrum*
179	舟形藻	线形舟形藻	*Navicula linear*
180	舟形藻	短小舟形藻	*Navicula exigua*
181	舟形藻	尖头舟形藻	*Navicula cuspidata*
182	舟形藻	双头舟形藻	*Navicula dicephala*
183	舟形藻	隐头舟形藻	*Navicula cryptocephala*
184	舟形藻	舟形藻	*Navicula* sp.
185	双肋藻	双肋藻	*Amphipleura* sp.
186	菱形藻	谷皮菱形藻	*Nitzschia palea*
187	菱形藻	线形菱形藻	*Nitzschia linearis*
188	菱形藻	菱形藻	*Nitzschia* sp.
189	菱形藻	菱形藻 sp.1	*Nitzschia* sp.1
190	菱形藻	菱形藻 sp.2	*Nitzschia* sp.2
191	双菱藻	线形双菱藻	*Surirella linenris*
192	双菱藻	双菱藻	*Surirella* sp.
193	羽纹藻	Pinnularia pennate	*Pinnularia pennate*
194	羽纹藻	羽纹藻	*Pinnularia* sp.
195	异极藻	橄榄形异极藻	*Gomphonema olivaceum*
196	异极藻	缢缩异极藻头状变种	*Gomphonema constrictum var. capitata*
197	异极藻	尖顶异极藻	*Gomphonema augur*
198	异极藻	窄异极藻	*Gomphonema angustatum*
199	异极藻	窄异极藻延长变种	*Gomphonema angustatum var. producta*
200	异极藻	异极藻	*Gomphonema* sp.
201	桥弯藻	膨胀桥弯藻	*Cymbella pusilla*
202	桥弯藻	胀大桥弯藻	*Cymbella tumida*
203	桥弯藻	优美桥弯藻	*Cymbella delicatula*
204	桥弯藻	小型桥弯藻	*Cymbella perpusilla*

续表

序号	属名	种 名	拉 丁 名
205	桥弯藻	箱型桥弯藻	*Cymbella cistula*
206	桥弯藻	桥弯藻	*Cymbella* sp.
207	布纹藻	布纹藻	*Gyrosigma* sp.
208	曲壳藻	曲壳藻	*Achnanthes* sp.
209	直链藻	变异直链藻	*Melosira varians*
210	直链藻	岛直链藻	*Melosira islandica*
211	直链藻	颗粒直链藻	*Melosira granulata*
212	直链藻	颗粒直链藻极狭变种	*Melosira granulate var. angustissima*
213	直链藻	模糊直链藻	*Melosira ambigua*
214	裸甲藻	裸甲藻	*Gymnodinium* sp.
215	薄甲藻	薄甲藻	*Glenodinium* sp.
216	多甲藻	多甲藻	*Peridinium* sp.
217	角甲藻	飞燕角甲藻	*Ceratium hirundinella*
218	角甲藻	角甲藻	*Ceratium* sp.
219	裸藻	近轴裸藻	*Euglena proxima*
220	裸藻	纤细裸藻	*Euglena gracilis*
221	裸藻	旋纹裸藻	*Euglena spirogyra*
222	裸藻	带形裸藻	*Euglena ehrenbergii*
223	裸藻	梭形裸藻	*Euglena acus*
224	裸藻	尖尾裸藻	*Euglena oxyuris*
225	裸藻	鱼形裸藻	*Euglena pisciformis*
226	裸藻	梨形扁裸藻	*Phacus pyrum*
227	裸藻	尖尾扁裸藻	*Phacus acuminatus*
228	裸藻	扁裸藻	*Phacus* sp.
229	裸藻	尾裸藻	*Euglena caudata*
230	裸藻	裸藻	*Euglena* sp.
231	蓝隐藻	尖尾蓝隐藻	*Chroomonas acuta*
232	隐藻	吻状隐藻	*Cryptomonas rostrata*
233	隐藻	卵形隐藻	*Cryptomonas ovata*
234	隐藻	啮蚀隐藻	*Cryptomonas erosa*
235	隐藻	隐藻	*Cryptomonas* sp.
236	金粒藻	金粒藻	*Chrysococcus* sp.
237	葡萄藻	葡萄藻	*Botryococcus* sp.
238	锥囊藻	分歧锥囊藻	*Dinobryon divergens*
239	锥囊藻	密集锥囊藻	*Dinobryon sertularia*

附录Ⅲ：珠江流域高原湖泊常见浮游动物名录

附表2　　　　　　　　　　　珠江流域高原湖泊常见浮游动物名录

序号	类	种名	拉丁名
1		焰毛虫属	*Askenasia* sp.
2		冠冕砂壳虫	*Difflugia corona*
3		冠砂壳虫	*Difflugia corona*
4		砂壳虫属	*Difflugia* sp.
5		纤毛虫属	*Ciliophora* sp.
6		变形虫	*Amoeba* sp.
7		漫游虫属	*Litonotus* sp.
8		明壳虫属	*Pamphagus* sp.
9		太阳虫属	*Lithelius* sp.
10		急游虫属	*Strombidiidae* sp.
11		刺胞虫属	*Acanthocystis* sp.
12		杯鞭虫属	*Bicoeca* sp.
13		匣壳虫属	*Centropyxis* sp.
14		圆壳虫属	*Cyclopyxis* sp.
15	原生动物	钟虫属	*Vorticella* sp.
16		鞭毛虫	*Flagellate* sp.
17		长颈虫属	*Dileptus* sp.
18		侠盗虫属	*Stribilidium* sp.
19		中缢虫属	*Mesodinium* sp.
20		蒲变虫属	*Vannella* sp.
21		裸口虫属	*Holophryo* sp.
22		膜袋虫属	*Cyclidium* sp.
23		游仆虫属	*Euplotes* sp.
24		单环栉毛虫	*Didinium balbianii*
25		草履虫属	*Paramecium* sp.
26		弹跳虫属	*Hlateria* sp.
27		双环栉毛虫	*Didinium nasufum*
28		似铃壳虫属	*Tintinnopsis* sp.
29		二态虫属	*Dimorpha* sp.

续表

序号	类	种名	拉丁名
30		螺形龟甲轮虫	*Keratella cochlearis*
31		曲腿龟甲轮虫	*Keratella valga*
32		热带龟甲轮虫	*Keratella tropica*
33			*Keratella mixta*
34			*Keratella tecta*
35			*Keratella procurva*
36		十指平甲轮虫	*Platyias militaris*
37		裂痕龟纹轮虫	*Anuraeopsis fissa*
38		萼花臂尾轮虫	*Brachionus calyciflorus*
39		卵形鞍甲轮虫	*Lepadella ovalis*
40		长刺异尾轮虫	*Trichocerca longiseta*
41		对棘异尾轮虫	*Trichocerca similis*
42		圆筒异尾轮虫	*Trichocerca cylindrica*
43		等刺异尾轮虫	*Trichocerca similis*
44		暗小异尾轮虫	*Trichocerca pusilla*
45		异尾轮虫属	*Trichocerca* sp.
46	轮虫	广生多肢轮虫	*Polyarthra trigla*
47		针簇多肢轮虫	*Polyarthra trigla*
48		长肢多肢轮虫	*Polyarthra lichoptera*
49		广布多肢轮虫	*Polyarthra vulgaris*
50		三肢轮虫属	*Filinia* sp.
51		腔轮虫属	*Lecane* sp.
52		囊形腔轮虫	*Lecane bulla*
53		精致腔轮虫	*Lecane elachis*
54		梨形腔轮虫	*Lecane pyriformis*
55		蹄形腔轮虫	*Lecane ungulata*
56		月形腔轮虫	*Lecane luna*
57		腹尾轮虫属	*Gastropus* sp.
58		柱足腹尾轮虫	*Gastropus stylifer*
59		长圆疣毛轮虫	*Synchaeta oblonga*
60		疣毛轮虫属	*Synchaeta* sp.
61		奇异六腕轮虫	*Hexarthra mira*
62		卵形无柄轮虫	*Ascomorpha ovalis*
63		无柄轮虫	*Ascomorpha* sp.
64		独角聚花轮虫	*Conochilus unicornis*
65		叉角拟聚花轮虫	*Conochiloides ssuarius*

序号	类	种名	拉丁名
66	轮虫	聚花轮虫属	*Conochilus* sp.
67		无常胶鞘轮虫	*Collotheca mutabilis*
68		敞水胶鞘轮虫	*Collotheca pelagica*
69		多态胶鞘轮虫	*Collotheca ambigua*
70		瓣状胶鞘轮虫	*Collotheca ornata*
71		前节晶囊轮虫	*Asplanchna prionta*
72		晶囊轮虫属	*Asplanchna* sp.
73		水轮虫属	*Epiphanes* sp.
74		盘镜轮虫	*Testudinella patina*
75		截头皱甲轮虫	*Ploesoma truncatum*
76		皱甲轮虫属	*Ploesoma* sp.
77		锥轮虫属	*Notommata* sp.
78		沟痕泡轮虫	*Pompholyx sulcata*
79		泡轮虫属	*Pompholyx* sp.
80		轮虫属	*Rotifera* sp.
81	枝角类	短尾秀体溞	*Diaphanosoma brachyurum*
82		秀体溞属	*Diaphonosoma* sp.
83		裸腹溞属	*Moina* sp.
84		长额象鼻溞	*Bosmina longirostris*
85		象鼻溞属	*Bosmina* sp.
86		基合溞属	*Bosminopsis* sp.
87		网纹溞属	*Ceriodaphnia* sp.
88		大眼溞	Polyphemidae
89		锐额溞属	*Alonella* sp.
90		盘肠溞属	*Chydorus* sp.
91		小栉溞	*Daphnia cristata*
92	桡足类	剑水蚤	Cyclopoidea
93		哲水蚤	Calanoida
94		矮小荡镖水蚤	*Neutrodiaptomus mariadvigae*
95	其他无脊椎动物	水熊	Tardigrada
96		水螨	Hydracarina
97		线虫	Nematoda

附录Ⅳ：珠江流域高原湖泊常见底栖动物名录

附表3　　　　　　　　　　　　　　珠江流域高原湖泊常见底栖动物名录

类　　群		摄食类型	耐污值
环节动物门	Annelida		
寡毛纲	Oligochaeta		8
带丝蚓科	Lumbriculidae	c－g	5
颤蚓科	Tubificidae	c－g	9～10
仙女虫科	Naididae	c－g/prd	8
颗体虫科	Aeolosomatidae	c－f	8
蛭纲	Hirudinea		
水蛭科	Hirudinidae	prd	8～10
扁蛭科	Glossiphonidae		
泽蛭属	*Helobdella*	par/prd	6
其他属		prd	8
扁形动物门	Platyhelminthes		
涡虫纲	Turbellaria	prd	4
软体动物门	Mollusca		
腹足纲	Gastropoda	scr	7
膀胱螺科	Physidae	c－g/scr	8
椎实螺科	Lymnaeidae	c－g/scr	6
扁卷螺科	Planorbidae	scr	7
田螺科	Viviparidae	scr	6
觚螺科	Hydrobiidae	scr	6
黑螺科	Melaniidae		
短沟蜷属	*Semisulcospira*	scr	4
双壳纲	Bivalvia	c－f	8
珠蚌科	Unionidae	c－f	6
蚬科	Corbiculidae	c－f	6
球蚬科	Sphaeriidae	c－f	8
节肢动物门	Arthropoda		
昆虫纲	Insecta		
蜉蝣目	Ephemeroptera		
四节蜉科	Baetidae	c－g/scr	5
细蜉科	Caenidae	c－g	6
小蜉科	Ephemerellidae	c－g/scr	1～3
蜉蝣科	Ephemeridae	c－g	3
扁蜉科	Heptageniidae	scr	3
等蜉科	Isonychiidae	c－f	2
细裳蜉科	Leptophlebiidae	c－g	3
寡脉蜉科	Oligoneuriidae		2
多脉蜉科	Polymitarcyidae	c－g	2
河花蜉科	Potamanthidae	c－g	4
短丝蜉科	Siphlonuridae	c－g	4

类 群		摄食类型	耐污值
褶缘蜉科	Palingeniidae	c - f	
新蜉科	Neoephemeridae		
蜻蜓目	Onata		
箭蜓科	Gomphidae	prd	3
蜓科	Aeshnidae	prd	3
大蜓科	Cordulegastridae	prd	3
蜻科	Libellulidae	prd	8～9
伪蜻科	Corduliidae	prd	2
大蜻科	Macromiidae	prd	3
河螅科	Calopterygidae	prd	6
螅科	Coenagrionidae	prd	8
丝螅科	Lestidae	prd	6
腹鳃螅科	Euphaeidae	prd	0～1
襀翅目	Plecoptera		
卷襀科	Leuctridae	shr	0
短尾石蝇科	Nemouridae	shr	1～2
扁襀科	Peltoperlidae	shr	0
石蝇科	Perlidae	prd	2
网襀科	Perlodidae	prd	2
大襀科	Pteronarcyidae	shr	0
半翅目	Hemiptera		
负子蝽科	Belostomatidae	prd	Und
划蝽科	Corixidae	prd	5
蝎蝽科	Nepidae	prd	8
仰泳蝽科	Notonectidae	prd	Und
潜水蝽科	Naucoridae	prd	Und
毛翅目	Trichoptera		
短石蛾科	Brachycentridae	shr/c - f	1
枝石蛾科	Calamoceratidae		3
舌石蛾科	Glossosomatidae	scr	1
瘤石蛾科	Goeridae	scr	3
纹石蛾科	Hydropsychidae	c - f	4
小石蛾科	Hydroptilidae	scr/shr/c - g	4
鳞石蛾科	Lepistomatidae	shr	1
长角石蛾科	Leptoceridae	c - g/shr/prd	4
沼石蛾科	Lephilidae	shr/scr/c - g	3
细翅石蛾科	Molannidae	scr	3
等翅石蛾科	Philopotamidae	c - f	3
角石蛾科	Stenopsychidae	c - f	5
石蛾科	Phryganeidae	shr/prd	4
多距石蛾科	Polycentropodidae	c - f/prd	6
管石蛾科	Psychomyiidae	c - g/scr	2
原石蛾科	Rhyacophilidae	prd	1
鞘翅目	Coleoptera		
象甲科	Curculionidae	shr	5
泥甲科	Dryopidae	scr	5
龙虱科	Dytiscidae	prd	5

类 群		摄食类型	耐污值
溪泥甲科	Elmidae	scr/c－g	4
豉甲科	Gyrinidae	prd	6
扁泥甲科	Psephenidae	scr	2
沼梭科	Haliplidae	shr	5
水龟甲科	Hydrophilidae	c－g/prd/shr	5
双翅目	Diptera	flies	
鹬虻科	Athericidae	prd	4
蠓科	Ceratopogonidae	prd	6
蚊科	Culicidae	c－f	8
长足虻科	lichopodidae	prd	4
细蚊科	Dixidae	c－f	1～3
舞虻科	Empididae	prd	6
水蝇科	Ephydridae	shr	6～8
蝇科	Muscidae	prd	6
毛蠓科	Psychodidae	c－g	8
细腰蚊科	Ptychopteridae	c－g	9
蚋科	Simuliidae	c－f	3
水虻科	Stratiomyidae	c－g	7
食蚜蝇科	Syrphidae		10
虻科	Tabanidae	c－g/prd	7
伪蚊科	Tanyderidae	c－g	3
大蚊科	Tipulidae	c－g/prd/shr	1～3
幽蚊科	Chaoboridae	prd	8
摇蚊科	Chironomidae		
长足摇蚊亚科	Tanypodinae	prd	7
直突摇蚊亚科	Orthocladiinae	c－g/shr/prd	6
摇蚊亚科	Chironominae	c－g/prd/shr/ c－f/scr	6
甲壳纲	Crustacea		
端足目	Amphipoda	c－g	
钩虾科	Gammaridae	c－g/shr	4～6
十足目	Decapoda	c－g/c－f/prd	6
长臂虾科	Palaemonidae		4～6
匙指虾科	Atyidae		4～6
华溪蟹科	Sinopotamidae		6

注　Und－Undetermined（功能摄食组 FFG 的缩写词：c－g：collector－gatherer；c－f：collector－filterer；scr：scraper；prd：predator；shr：shredder；par：parasite）。

附录 V ：珠江流域高原湖泊常见鱼类名录

附表 4 　　　　　　　　　　　　珠江流域高原湖泊常见鱼类名录

种类 species	抚仙湖	星云湖	杞麓湖	阳宗海	异龙湖
鲤形目 Cypriniformes					
雅罗鱼亚科 Leuciscinae					
青鱼 *Mylopharyngdon piceus*	+				
草鱼 *Ctenopharyngodon idellus*		+	+	+	
丁鱥鱼 *Tinca tinca*	+				
鲌亚科 Culterinae					
鳘 *Hemiculter leucisculus*	+		+		
红鳍原鲌 *Cultrichthys erythropterus*	+	+		+	
鳈鳔白鱼 *Anabrlius grahami*	+				
团头鲂 *Megalobrama amblycephala*			+		
鲢亚科 Hypophthalmichthyinae					
鳙 *Aristichthys nobilis*			+		
鲢 *Hypophthalmichthys molitrix*			+		
鱊亚科 Acheilognathinae					
短尾鱊 *Acheilognathus elongatus brevicaudantus*	+				
高体鳑鲏 *Rhodeus ocellatus*	+				
鮈亚科 Gobioninae					
麦穗鱼 *Pseudorasbora parva*	+	+	+	+	+
棒花鱼 *Abbottina rivularis*	+	+	+	+	
鲤亚科 Cyprininae					
鲤 *Cyprinus carpio*	+	+	+	+	+
大头鲤 *Cyprinus pellegrini*	+				
鲫 *Carassius auratus auratus*	+	+	+	+	+
鲃亚科 Barbinae					
抚仙金线鲃 *Sinocyclocheilus　Sinocyclocheilus tingi*	+				
云南倒刺鲃 *Spinibarbus denticulatus yunnanensis*	+				
鳅科 Cobitidae					
泥鳅 *Misgurnus anguillicaudatus*	+	+		+	
抚仙高原鳅 *Triplophysa fuxianensis*	+				

续表

种类 species	抚仙湖	星云湖	杞麓湖	阳宗海	异龙湖
鲇形目 Siluriformes					
鲿科 Bagridae					
黄颡鱼 *Pelteobagrus fulvidraco*	+				
鲇科 Siluridae					
抚仙鲇 *Silurus grahami*	+				
鲇 *Silurus asotus*		+			
鳉形目 Cyprinodontiformes					
青鳉科 Oryziatidae					
中华青鳉 *Oryzias latipes sinensis*		+		+	
胎鳉科 Peocillidae					
食蚊鱼 *Gambusia affinis*	+				+
鲑形目 Salmoniformes					
银鱼科 Salangidae					
太湖新银鱼 *Neosalanx taihuensis*	+	+	+	+	
颌针鱼目 Beloniformes					
鱵科 Hemirhamphidae					
间下鱵 *Hyporhamphus intermedius*	+			+	
合鳃鱼目 Synbranchiformes					
合鳃科 Synbranchidae					
黄鳝 *Monopterus albus*			+		+
鲈形目 Perciformes					
丽鱼科 Cichlidae					
莫桑比克罗非鱼 *Oreochromis mossambicus*				+	
塘鳢科 Eleotridae					
小黄黝鱼 *Micropercops swinhonis*	+	+	+	+	+
鰕虎鱼科 Gobiidae					
子陵吻鰕虎鱼 *Rhinogobius giurinus*	+	+	+	+	+
波氏吻鰕虎鱼 *Rhinogobius cliffordpopei*	+	+	+	+	
褐栉鰕虎鱼 *Ctenogobius brunneus*		+			
鳢科 Channidae					
乌鳢 *Channa argus*	+				

参 考 文 献

［1］ Braskerud B C. Factors affecting phosphorus retention in small constructed wetlands treating agri-
cultural non - point source pollution ［J］. Ecological Engineering, 2002, 19 (1): 41 - 61.

［2］ Canter L W. Environmental impact assessment. ［J］. 1996, 1 (2): 6 - 40.

［3］ Cao X, Song C, Li Q, et al. Dredging effects on P status and phytoplankton density and composition
during winter and spring in Lake Taihu, China ［M］ // Eutrophication of Shallow Lakes with
Special Reference to Lake Taihu, China. Springer Netherlands, 2007: 287 - 295.

［4］ Carder K L, Chen F R, Cannizzaro J P, et al. Performance of the MODIS semi - analytical ocean
color algorithm for chlorophyll - a ［J］. Advances in Space Research, 2004, 33 (7): 1152 - 1159.

［5］ Costanza R. Toward an operational definition of health ［A］. In: Costanza R, Norton B. , Haskell
B. . Ecosystem Health: New Goals for environmental managemen. Washington D C: Island Press,
1992: 239 - 256.

［6］ Depinto J V, Verhoff F H. Nutrient regeneration from aerobic decomposition of green algae ［J］.
Environmental Science & Technology, 1977, 11 (4): 1 - 9.

［7］ Dobretsov S, Dahms H U, Tsoi M Y, et al. Chemical control of epibiosis by Hong Kong sponges:
the effect of sponge extracts on micro - and macrofouling communities ［J］. Marine Ecology
Progress, 2007, 297 (6): 14 - 15.

［8］ Edwards C J. Using Lake Trout as a Surrogate of Ecosystem Health for Oligotrophic Waters of the
Great Lakes ［J］. Journal of Great Lakes Research, 1990, 16 (4): 591 - 608.

［9］ Foree E G, Mccarty P L. Anaerobic decomposition of algae ［J］. Environmental Science
Technology, 1970, 4 (10): 842 - 849.

［10］ Havens K E. Cyanobacteria blooms: effects on aquatic ecosystems ［J］ Advances in Experimental
Medicine & Biology, 2008, 619: 733 - 748.

［11］ Jin X, Wang S, Pang Y, et al. Phosphorus fractions and the effect of pH on the phosphorus release
of the sediments from different trophic areas in Taihu Lake, China ［J］. Environmental Pollution,
2006, 139 (2): 288 - 295.

［12］ Liu S, Lou S, Kuang C, et al. Water quality assessment by pollution - index method in the coastal
waters of Hebei Province in western Bohai Sea, China ［J］. Marine Pollution Bulletin, 2011,
62 (10): 2220 - 2229.

［13］ Miller G T J. Living in the environment: an introduction to environmental science. ［M］. Wad-
sworth Pub. Co, 1992.

［14］ Moore M T, Schulz R, Cooper C M, et al. Mitigation of chlorpyrifos runoff using constructed wet-
lands. ［J］. Chemosphere, 2002, 46 (6): 827 - 835.

［15］ Nemerow N L. Scientific Stream Pollution Analysis ［M］. Scripta Book Company, 1974.

［16］ P. A. Brivio, C. Giardino, E. Zilioli. Determination of chlorophyll concentration changes in Lake
Garda using an image - based radiative transfer code for Landsat TM images ［J］. International Jour-
nal of Remote Sensing, 2001, 22 (2 - 3): 487 - 502.

［17］ Kumar P, James EJ. Development of Water Quality Index (WQI) model for the groundwater in Tir-
upur district, South India ［J］. Acta Geochimica, 2013, 32 (3): 261 - 268.

[18] Page T. Environmental existentialism [C]. Costanza R，Norton B G，Haskell B D. Ecosystem health：new goals for environmental management. Washington D C：Island Press，1992：97 - 123

[19] Pereira R，Soares A，Ribeiro R，et al. Assessing the trophic state of Linhoslake：a first step towards ecological rehabilitation [J]. Journal of Environmental Management，2002，64（3）：285 - 297.

[20] Pitkanen H，Lehtoranta J，Raike A. Internal Nutrient Fluxes Counteract Decreases in External Load：The Case of the Estuarial Eastern Gulf of Finland，Baltic Sea [J]. Ambio，2001，30（4 - 5）：195.

[21] Qin B，Weiping H U，Gao G. Dynamics of sediment resus - pension and the conceptual schema of nutrient release in the large shallow Lake Taihu，China [J]. Science Bulletin，2004，49（1）：54 - 64.

[22] Rapport D J. Evolution of Indicators of Ecosystem Health [M] // Ecological Indicators. Springer US，1992：121 - 134.

[23] Saksena D N，Garg R K，Rao R J. Water quality and pollution status of Chambal river in National Chambal Sanctuary，Madhya Pradesh [J]. Journal of Environmental Biology，2008，29（5）：701.

[24] Schaeffer D J，Herricks E E，Kerster H W. Ecosystem health：I. Measuring ecosystem health [J]. Environmental Management，1988，12（4）：445 - 455.

[25] Sharpley A N，Chapra S C，Wedepohl R，et al. Managing Agricultural Phosphorus for Protection of Surface Waters：Issues and Options [J]. Journal of Environmental Quality，1994，23（3）：437 - 451.

[26] Xu F L，Zhao Z Y，Zhan W，et al. An Ecosystem Health Index Methodology（EHIM）for Lake Ecosystem Health Assessment [J]. Ecological Modelling，2005，188（2）：327 - 339.

[27] 曾德慧，姜凤岐. 生态系统健康与人类可持续发展 [J]. 应用生态学报，1999，10（6）：751 - 756.

[28] 常冬，甘祖兵. 云南抚仙湖流域农村生活污水处理技术研究 [J]. 农村实用技术，2015（3）：25 - 28.

[29] 陈仁杰，钱海雷，阚海东，等. 水质评价综合指数法的研究进展 [J]. 环境与职业医学，2009，26（6）：581 - 584.

[30] 陈思思. 异龙湖湖泊沉积对流域气候及人类活动的响应 [D]. 昆明：云南师范大学，2015.

[31] 陈小锋，揣小明，杨柳燕. 中国典型区湖泊富营养化现状、历史演变趋势及成因分析 [J]. 生态与农村环境学报，2014，30（4）：438 - 443.

[32] 陈小林，陈光杰，卢慧斌，等. 抚仙湖和滇池硅藻生物多样性与生产力关系的时间格局 [J]. 生物多样性，2015，23（1）：89 - 100.

[33] 陈小林. 云南高原湖泊硅藻群落与生物多样性的分布特征研究 [D]. 昆明：云南师范大学，2015.

[34] 陈奕，许有鹏. 河流水质评价中模糊数学评价法的应用与比较 [J]. 四川环境，2009，28（1）：94 - 98.

[35] 程浩亮. 高原湖泊湿地生态水动力学模拟研究 [D]. 昆明：昆明理工大学，2012.

[36] 揣小明. 我国湖泊富营养化和营养物磷基准与控制标准研究. [D]. 南京：南京大学，2011.

[37] 崔保山，杨志峰. 湿地生态系统健康研究进展 [J]. 生态学杂志，2001，20（3）：31 - 36.

[38] 大久保贤治，熊谷道夫，坂本充，等. 两个相连湖泊的微生态系统——云南高原湖泊中浅水的星云湖和深水的抚仙湖研究（英文）[J]. 云南地理环境研究，2002（2）：10 - 19.

[39] 戴丽，李荫玺，祁云宽. 抚仙湖生态脆弱性特征分析与改善对策研究 [J]. 环境科学导刊，2012（4）：48 - 52.

[40] 戴全裕. 云南抚仙湖、洱海、滇池水生植被的生态特征 [J]. 生态学报，1985（4）：324 - 335.

[41] 邓婉娴. 江川县抚仙湖退田还湖政策执行研究 [D]. 昆明：云南师范大学，2015.

[42] 翟红娟，崔保山，王英，等. 异龙湖湿地功能可持续性评价及 PSR 模型时滞性研究 [J]. 环境科学学报，2008（2）：243 - 252.

[43] 翟红娟，崔保山，赵欣胜，等. 异龙湖湖滨带不同环境梯度下土壤养分空间变异性 [J]. 生态学

报，2006（1）：61－69.

[44] 董琼．高原湖泊杞麓湖流域土地利用变化及生态安全评价［D］．北京：北京林业大学，2009.

[45] 董云仙，刘宇，李荫玺，等．云南杞麓湖生态脆弱因素分析［J］．环境科学导刊，2011，30（5）：24－29.

[46] 杜明亮，吴彬，张宏，等．改进权重集对分析法在准东水质评价中的应用［J］．人民黄河，2014，36（4）：62－64.

[47] 段顺琼，王静，冯少辉，等．云南高原湖泊地区水资源脆弱性评价研究［J］．中国农村水利水电，2011（9）：55－59.

[48] 冯梅，赵华刚，王丽丽，等．抚仙湖健康评价研究［J］．中国水运（下半月），2013，13（5）：95－97.

[49] 冯明刚．玉溪市星云湖环境现状及可持续发展研究［D］．昆明：昆明理工大学，2005.

[50] 冯慕华，潘继征，柯凡，等．云南抚仙湖流域废弃磷矿区水污染现状［J］．湖泊科学，2008（6）：766－772.

[51] 傅伯杰，刘世梁，马克明．生态系统综合评价的内容与方法［J］．生态学报，2001，21（11）：1885－1892.

[52] 高天霞．云南高原湖泊底泥堆积区生态条件下磷、氮等污染物的转化规律［D］．昆明：昆明理工大学，2011.

[53] 高文荣．云南高原湖泊面临的问题及对策［J］．玉溪师专学报，1993（5）：14－18.

[54] 龚鲜，王东焱，胡悦，等．抚仙湖森林公园（中心区）规划［J］．江西农业学报，2007（2）：54－56.

[55] 古正刚．云南省典型高原湖泊表层沉积物中几种重金属污染特性研究［D］．昆明：昆明理工大学，2014.

[56] 顾丁锡，黄漪平．我国主要湖泊水质污染状况的初步评价［J］．水文，1981（5）：31－38.

[57] 官鹏，黄桂香．星云湖渔业增殖放流现状及建议［J］．现代农业科技，2014（18）：250，256.

[58] 郭秒．高原湖泊光合细菌生态分布特征及开发利用［D］．昆明：云南师范大学，2004.

[59] 何淑英，徐亚同，胡宗泰，等．湖泊富营养化的产生机理及治理技术研究进展［J］．上海化工，2008，32（2）：1－5.

[60] 和丽萍．云南高原湖泊人工湿地污水处理技术及应用研究［D］．昆明：昆明理工大学，2006.

[61] 贺彬，陈异晖，李跃青．高原湖泊环境与生态系统综合研究框架设计［J］．云南环境科学，2004（3）：16－18，31.

[62] 贺方兵．东部浅水湖泊水生态系统健康状态评估研究——以湖北省为例［D］．重庆：重庆交通大学，2015.

[63] 侯长定，李文朝，胡耀辉，等．星云湖湖滨带生态建设与水生植被恢复［J］．云南环境科学，2003（S1）：92－96.

[64] 侯长定，莫绍周，陈怀芬，等．抚仙湖富营养化与入湖河水处理研究［J］．云南环境科学，2004（S2）：98－100.

[65] 侯长定．抚仙富营养化现状、趋势及其原因分析［J］．云南环境科学，2001（3）：39－41.

[66] 侯长定．抚仙湖湖滨带的生态治理［J］．云南环境科学，2002（2）：51－53，64.

[67] 胡小冬，刘威．浅谈云南高原湖泊的生态修复和保护［J］．人民珠江，2009，30（3）：33－34.

[68] 胡晓兰．藏北高原湖泊现代沉积硅藻分布特征及生态习性研究［D］．兰州：兰州大学，2014.

[69] 胡玉洪．杞麓湖小流域综合治理研究［J］．云南环境科学，1998（3）：3－5.

[70] 胡元林．高原湖泊流域可持续发展理论及评价模型研究［D］．昆明：昆明理工大学，2010.

[71] 胡志新，胡维平，谷孝鸿，等．太湖湖泊生态系统健康评价［J］．湖泊科学，2005，17（3）：256－262.

［72］ 蒋志文. 云南中部高原湖泊全新世沉积中的微体化石群及其生态环境［J］. 云南地质，1990（2）：117-133.

［73］ 解雪峰，吴涛，肖翠，等. 基于PSR模型的东阳江流域生态安全评价［J］. 资源科学，2014，36（8）：1702-1711.

［74］ 金相灿，卢少勇，王开明，等. 巢湖城区洗耳池沉积物磷及其生物有效磷的分布研究［J］. 农业环境科学学报，2007，26（3）：847-851.

［75］ 金相灿，王圣瑞，席海燕. 湖泊生态安全及其评估方法框架［J］. 环境科学研究，2012，25（4）：357-362.

［76］ 荆春燕，曾广权. 异龙湖流域生态功能区划分析［J］. 云南环境科学，2003（4）：49-51.

［77］ 孔维琳，王余舟，彭明春，等. 澄江县抚仙湖近面山绿化规划研究［J］. 林业调查规划，2012，37（2）：121-126.

［78］ 孔祥虹. 抚仙湖浮游植物的时空格局［D］. 武汉：湖北大学，2015.

［79］ 况继明. 环境公益诉讼若干问题探讨——兼论云南九大高原湖泊的司法保护［J］. 东南司法评论，2009（1）：320-332.

［80］ 雷宝坤. 典型高原湖泊（洱海）农田面源污染生态防控技术创新及应用［R］. 云南省农业科学院农业环境资源研究所，2014.

［81］ 李朝霞，蒋晓艳. 高原湖泊生态系统服务功能及其对水电开发的影响［J］. 水利水电科技进展，2011，31（1）：20-24.

［82］ 李春卉，张世涛，叶许春. 云南高原湖泊面临的保护与开发问题［J］. 云南地质，2005（4）：462-470.

［83］ 李恒鹏，黄文钰，杨桂山，等. 太湖上游典型城镇地表径流面源污染特征［J］. 农业环境科学学报，2006，25（6）：1598-1602.

［84］ 李红梅. 抚仙湖生态环境的两栖动物监测和预警初探［D］. 玉溪：玉溪师范学院，2010.

［85］ 李红梅，饶定齐，吴献花，等. 抚仙湖生态环境中无尾两栖动物的资源与利用［J］. 安徽农业科学，2009，37（20）：9500-9501.

［86］ 李健僡，刘扬. 石屏县异龙湖湿地公园一期景观规划设计［J］. 现代农业科技，2011（1）：254-256.

［87］ 李堃. 云南高原湖泊特有鱼类的生物学与遗传多样性研究［D］. 武汉：中国科学院研究生院（水生生物研究所），2006.

［88］ 李兰，刘琴，叶长兵，等. 星云湖生态服务功能专家问卷调查分析［J］. 湖北函授大学学报，2015，28（7）：100-101.

［89］ 李敏，李雨霖，李晓佳，等. 抚仙湖—星云湖 阳光下的自由［J］. 云南画报，2011（3）：38-40.

［90］ 李名升，张建辉，梁念，等. 常用水环境质量评价方法分析与比较［J］. 地理科学进展，2012，31（5）：617-624.

［91］ 李沈丽. 异龙湖流域生态环境的综合治理［J］. 林业调查规划，2009，34（2）：108-111.

［92］ 李伟. 玉溪市抚仙湖保护开发投资有限公司运作策略研究［D］. 昆明：云南师范大学，2013.

［93］ 李文杰. 梁子湖流域土地利用变化对流域水环境的影响［D］. 武汉：华中师范大学，2009.

［94］ 李文有，李渊，李建中. 异龙湖流域的"沼气热"［J］. 云南林业，2004（1）：6.

［95］ 李晓杰. 石屏县异龙湖渔业产业发展现状及对策［J］. 现代农业科技，2014（3）：328-329，333.

［96］ 李雪梅. 对云南省高原湖泊污染治理的思考［J］. 楚雄师范学院学报，2011，26（7）：102-105.

［97］ 李雅静. 抚仙湖湖区城镇与环境协调发展策略［D］. 昆明：昆明理工大学，2004.

［98］ 李荫玺. 磷矿开发磷污染对抚仙湖和星云湖的影响研究［R］. 玉溪市环境科学研究所，2011.

［99］ 李荫玺，王林，祁云宽，等. 抚仙湖浮游植物发展趋势分析［J］. 湖泊科学，2007（2）：223-226.

［100］ 李英. 云南阳宗海最小生态需水量分析［J］. 人民长江，2010，41（9）：32-34，38.

[101] 李远华，姜琦刚，赵静，等. 青藏高原湖泊和 NDVI 变化反映的生态地质环境问题 [J]. 遥感学报，2008 (4)：640-646.

[102] 李振宇，孙冶. 阳宗海水体特征分析及控制对策初探 [J]. 云南环境科学，2005 (S1)：108-111，90.

[103] 李智圆，杨常亮，李世玉，等. 砷污染治理后阳宗海沉积物砷的分布与稳定性 [J]. 环境科学与技术，2015，38 (2)：41-47.

[104] 林同云. 嫡权集对分析模型在湖泊富营养化评价中的应用研究 [D]. 长沙：湖南大学，2014.

[105] 刘佳. 草海高原湖泊湿地生态安全评价研究 [D]. 重庆：重庆师范大学，2012.

[106] 刘丽芳. 谈云南省星云湖径流区的生态恢复 [J]. 林业勘查设计，2008 (2)：36-38.

[107] 刘琐，郑丙辉，付青，等. 水污染指数法在河流水质评价中的应用研究 [J]. 中国环境监测，2013，29 (3).

[108] 刘晓海，宁平，张军莉，等. 围湖造田和退田还湖对异龙湖的影响 [J]. 昆明理工大学学报 (理工版)，2006 (5)：78-81，94.

[109] 刘亚鹏. 内蒙古高原湖泊好氧不产氧光合细菌的分离及功能分析 [D]. 呼和浩特：内蒙古农业大学，2013.

[110] 刘阳，吴钢，高正文. 基于土地覆盖/利用模式的云南省抚仙湖流域生态资产评估 [J]. 生态学报，2007 (12)：5282-5290.

[111] 刘永，郭怀成，戴永立，等. 湖泊生态系统健康评价方法研究 [J]. 环境科学学报，2004，24 (4)：723-729.

[112] 刘镇盛，王春生，倪建宇，等. 抚仙湖叶绿素 a 的生态分布特征 [J]. 生态学报，2003 (9)：1773-1780.

[113] 卢慧斌，陈光杰，陈小林，等. 上行与下行效应对浮游动物的长期影响评价——以滇池与抚仙湖沉积物象鼻溞 (Bosmina) 为例 [J]. 湖泊科学，2015，27 (1)：67-75.

[114] 卢敏，张展羽，石月珍. 集对分析法在水安全评价中的应用研究 [J]. 河海大学学报自然科学版，2006，34 (5)：505-508.

[115] 卢锡锡. 环高原湖泊人居环境景观格局及演变研究 [D]. 昆明：云南大学，2015.

[116] 路瑞锁，宋豫秦. 云贵高原湖泊的生物入侵原因探讨 [J]. 环境保护，2003 (8)：35-37.

[117] 吕昌伟. 内蒙古高原湖泊碳 (氮、磷、硅) 的地球化学特征 [D]. 呼和浩特：内蒙古大学，2008.

[118] 吕胜男，杨山田. 从阳宗海污染事件看动物生命安全问题 [J]. 昆明理工大学学报 (社会科学版)，2010，10 (6)：11-14.

[119] 吕伟. 星云湖流域磷矿区废弃地生态环境质量问题及恢复治理研究 [J]. 科技创新与应用，2015 (28)：167-168.

[120] 马克明，孔红梅，关文彬，等. 生态系统健康评价：方法与方向 [J]. 生态学报，2001，21 (12)：2106-2116.

[121] 弥艳，常顺利，师庆东，等. 艾比湖流域 2008 年丰水期水环境质量现状评价 [J]. 湖泊科学，2009，21 (6)：891-894.

[122] 朴德雄，王凤昆. 兴凯湖水环境状况及其保护对策 [J]. 湖泊科学，2011，23 (2)：196-202.

[123] 祁云宽. DPSIR 模型在抚仙湖生态安全评估中的应用研究 [R]. 玉溪市环境科学研究所，2012.

[124] 秦光荣. 坚定信心 狠抓落实 全面推进九大高原湖泊水污染综合防治——在九大高原湖泊水污染综合防治工作会议上的讲话 [J]. 云南政报，2008 (12)：43-46.

[125] 邱林，唐红强，陈海涛，等. 集对分析法在地下水水质评价中的应用 [J]. 节水灌溉，2007 (1)：13-15.

[126] 申安华. 云南高原湖泊与池塘的河蟹养殖技术研究 [J]. 水生态学杂志，2010，31 (2)：129-132.

[127] 师丽萍，孙琴音. 浅析水生植物在异龙湖水体净化中的作用 [J]. 云南环境科学，2005 (3)：40-42.

[128] 施晔. 水生态文明视角下的云南高原湖泊生态系统良性发展思路初探 [J]. 珠江现代建设，

2015 (5)：19 - 23.

[129] 宋国浩. 人工神经网络在水质模拟与水质评价中的应用研究 [D]. 重庆：重庆大学，2008.

[130] 宋海亮，吕锡武，李先宁. 太湖西段入湖河流水质模糊综合评价 [J]. 安全与环境学报，2006，6 (1)：87 - 91.

[131] 苏彩红，向娜，李理想. 基于模糊 BP 神经网络的水质评价 [J]. 佛山科学技术学院学报（自然科学版），2011，29 (5)：15 - 19.

[132] 孙卫红，程炜，崔云霞，等. 太湖流域主要入湖河流水环境综合整治 [J]. 中国资源综合利用，2009，27 (11)：39 - 42.

[133] 唐建华. 异龙湖区域环境污染综合治理初探 [J]. 红河州党校学报（哲学社会科学），1994 (4)：64 - 65，41.

[134] 童英伟，刘志斌，常欢. 集对分析法在河流水质评价中的应用 [J]. 安全与环境学报，2008，8 (6)：84 - 86.

[135] 王凤远，刘子睿. 从阳宗海及龙江污染事件看政府生态义务的履行 [J]. 地域研究与开发，2013，32 (3)：115 - 118.

[136] 王厚防，唐翀鹏. 星云湖环境问题研究进展 [J]. 安徽农学通报（上半月刊），2010，16 (11)：183 - 185，258.

[137] 王彧. 福湖水质富营养化调查与评价 [J]. 淮海工学院学报：自然科学版，2016，25 (3)：88 - 91.

[138] 王佳旭. 高原湖泊流域人居环境生态敏感性评价及空间优化研究 [D]. 昆明：云南大学，2015.

[139] 王建芹，龙肖毅. 高原湖泊流域客栈游客生态文明教育体系建设研究——以洱海流域为例 [J]. 教育教学论坛，2015 (20)：87 - 89.

[140] 王金玲. 云南省九大高原湖泊统一环境立法构建研究 [D]. 昆明：昆明理工大学，2004.

[141] 王晋虎. 星云湖流域畜禽养殖污染特征及其定量估算研究 [D]. 昆明：昆明理工大学，2011.

[142] 王林，唐金焰，刘宇，等. 抚仙湖生态环境脆弱性分析研究 [J]. 湖北农业科学，2012，51 (14)：2968 - 2970，2975.

[143] 王林，章新，李红梅，等. 抚仙湖生态服务功能调查与评估 [J]. 环境科学导刊，2011，30 (6)：23 - 25.

[144] 王明翠，刘雪芹，张建辉. 湖泊富营养化评价方法及分级标准 [J]. 中国环境监测，2002，18 (5)：47 - 49.

[145] 王小雷，杨浩，顾祝军，等. 抚仙湖沉积物重金属垂向分布及潜在生态风险评价 [J]. 地球与环境，2014，42 (6)：764 - 772.

[146] 王小雷. 云南高原湖泊近现代沉积环境变化研究 [D]. 南京：南京师范大学，2011.

[147] 王晓辉，张之源，潘成荣，等. 瓦埠湖的浮游藻类特征及其营养状态评价 [J]. 安徽农业大学学报，2005，32 (1)：41 - 45.

[148] 王晓黎，马建武，马洪涛，等. 云南省玉溪市抚仙湖湿地公园规划设计探讨 [J]. 山东林业科技，2008，38 (5)：74 - 76.

[149] 王艺蒙. 云南高原湖泊生态补偿法律问题研究 [D]. 昆明：昆明理工大学，2015.

[150] 王元平. 元素在长湖、杞麓湖、草甸海生态系统中的循环 [J]. 云南大学学报（自然科学版），1989 (2)：111.

[151] 韦星. 抚仙湖：退房还湖保护了什么"生态"？[J]. 南风窗，2015 (13)：58 - 60.

[152] 魏翔，唐光明. 异龙湖近 20 年来营养盐与水生生态系统变化 [J]. 环境科学导刊，2014，33 (2)：9 - 14.

[153] 魏艳. 抚仙湖水体磷污染分析及控制对策研究 [D]. 昆明：昆明理工大学，2007.

[154] 吴丰昌. 云贵高原湖泊沉积物和水体氮、磷和硫的生物地球化学作用和生态环境效应（摘要）[J]. 地质地球化学，1996 (6)：88 - 89.

[155] 吴蓉蓉. 高原湖泊湿地景观研究 [D]. 昆明：昆明理工大学，2012.

[156] 吴献花，李荫玺，侯长定. 抚仙湖环境现状分析 [J]. 玉溪师范学院学报，2002 (2)：66-68.

[157] 吴献花. 玉溪市高原湖泊生态环境保护重点实验室简介 [J]. 玉溪师范学院学报，2012，28 (12)：2，71.

[158] 吴云华. 抚仙湖和星云湖自然资源及综合开发利用 [J]. 玉溪师专学报，1995 (1)：58-67.

[159] 吴云华. 建立抚仙湖自然保护区的重要意义初探 [J]. 玉溪师专学报，1994 (Z2)：109-112.

[160] 武国正. 支持向量机在湖泊富营养化评价及水质预测中的应用研究 [D]. 呼和浩特：内蒙古农业大学，2008.

[161] 向安. 云南富营养化高原湖泊噬藻体及其宿主多样性的初步研究 [D]. 昆明：昆明理工大学，2010.

[162] 项仁浩，应百才. 气象与高原湖泊鱼类生态组群和活动规律的关系 [J]. 中国农业气象，1988 (2)：61-63.

[163] 肖风劲，欧阳华. 生态系统健康及其评价指标和方法 [J]. 自然资源学报，2002，17 (2)：203-209.

[164] 谢礼国，郑怀礼. 湖泊富营养化的防治对策研究 [J]. 世界科技研究与发展，2004，26 (2)：7-11.

[165] 熊飞，李文朝，潘继征. 云南抚仙湖外来鱼类现状及相关问题分析 [J]. 江西农业学报，2008 (2)：92-94，96.

[166] 熊飞. 人类活动对抚仙湖生态系统的影响及其保护对策 [J]. 安徽农业科学，2009，37 (14)：6584-6586.

[167] 徐海涛. 高原湖泊湖区可持续发展评价体系及模式研究 [D]. 昆明：昆明理工大学，2011.

[168] 徐健，吴玮，黄天寅，等. 改进的模糊综合评价法在同里古镇水质评价中的应用 [J]. 河海大学学报自然科学版，2014，42 (2)：143-149.

[169] 徐勇. 喀斯特高原湖泊富营养化及防治对策 [J]. 湖北农业科学，2011，50 (4)：708-711，716.

[170] 严云志. 抚仙湖外来鱼类生活史对策的适应性进化研究 [D]. 武汉：中国科学院研究生院（水生生物研究所），2005.

[171] 杨加林，李杰，李经纬，等. 抚仙湖—星云湖水生生物与水环境研究综述 [J]. 云南地理环境研究，2012，24 (2)：98-102，109.

[172] 杨渐. 青藏高原湖泊微生物群落演替及其环境指示意义 [D]. 武汉：中国地质大学，2015.

[173] 杨一鹏，王桥，肖青. 太湖富营养化遥感评价研究 [J]. 地理与地理信息科学，2007，23 (3)：33-37.

[174] 杨璟. 异龙湖区域生态环境质量评价 [J]. 云南环境科学，1993 (2)：5-10，15.

[175] 杨绍聪，吕艳玲，沐婵，等. 空心菜对入星云湖河水的净化及其生物产出分析 [J]. 农业环境科学学报，2015，34 (2)：370-376.

[176] 杨树华. 高原湖泊流域生态系统评价指标体系研究 [J]. 云南大学学报（自然科学版），1999 (2)：3-5.

[177] 杨文龙. 云南高原湖泊的开发与保护 [J]. 湖泊科学，1994 (2)：161-165.

[178] 杨颖. 抚仙湖—星云湖综合试验区生态建设策略研究 [J]. 玉溪师范学院学报，2011，27 (11)：29-31.

[179] 叶长兵，章新，王林，等. 基于问卷调查的抚仙湖生态系统服务功能分析 [J]. 玉溪师范学院学报，2012，28 (10)：56-60.

[180] 尹海龙，徐祖信. 河流综合水质评价方法比较研究 [J]. 长江流域资源与环境，2008，17 (5)：729-733.

[181] 于瑶，杜建伟，张汉尧. 云南高原湖泊湿地植物群落分布规律研究 [J]. 安徽农业科学，2012，40 (12)：7322-7324，7327.

[182] 袁兴中，刘红，陆健健. 生态系统健康评价-概念构架与指标选择 [J]. 应用生态学报，2001，

12 (4)：627 - 629.

[183] 云南省政府九大高原湖泊水污染综合防治调研组. 关于九大高原湖泊水污染综合防治的调研报告 [J]. 云南政报, 2001 (1)：28 - 39.

[184] 臧颖惠. 云南省高原湖泊湿地蚊类多样性空间分布格局的研究 [D]. 大理：大理学院, 2010.

[185] 张宝元. 对保护高原湖泊剑湖的思考 [J]. 环境科学导刊, 2011, 30 (3)：49 - 52.

[186] 张春桂, 曾银东, 马治国. 基于模糊评价的福建沿海水质卫星遥感监测模型 [J]. 应用气象学报, 2016, 27 (1)：112 - 122.

[187] 张夫道. 化肥污染的趋势与对策 [J]. 环境科学, 1985 (6)：56 - 61.

[188] 张海林. 武汉市湖泊富营养化遥感评价. [D]. 武汉：中国科学院测量与地球物理研究所, 2002.

[189] 张墅. 改善生态环境　保护抚仙湖的建议 [J]. 今日科苑, 2013 (16)：79 - 82.

[190] 张水龙, 庄季屏. 农业非点源污染研究现状与发展趋势 [J]. 生态学杂志, 1998 (6)：51 - 55.

[191] 张万明. 高原湖泊西昌邛海生态与环境保护初探 [J]. 安徽农业科学, 2007 (3)：823 - 824.

[192] 张维理, 徐爱国, 冀宏杰, 等. 中国农业面源污染形势估计及控制对策Ⅲ. 中国农业面源污染控制中存在问题分析 [J]. 中国农业科学, 2004, 37 (7)：1026 - 1033.

[193] 张伟, 杨丽原. 南四湖主要入湖河流水质评价 [J]. 海洋湖沼通报, 2011 (1)：141 - 146.

[194] 张文, 吕伟, 李海涛. 星云湖水质富营养化的模糊决策分析 [J]. 玉溪师范学院学报, 2002 (5)：95 - 99.

[195] 张晓旭, 孔德平, 张淑霞. 贫营养湖水环境承载力及对策研究——以抚仙湖为例 [J]. 环境科学导刊, 2014, 33 (4)：5 - 12.

[196] 张秀敏, 戴丽, 王志芸, 等. 抚仙湖流域主要生态安全问题识别 [J]. 环境科学导刊, 2008 (1)：40 - 43.

[197] 张秀敏, 戴丽, 王志芸. 抚仙湖流域生态系统结构与功能分析 [J]. 环境科学导刊, 2007 (6)：54 - 57.

[198] 张秀敏. 抚仙湖、星云湖流域环境规划研究 [J]. 云南环境科学, 1997 (1)：60 - 64.

[199] 张秀敏. 异龙湖退田还湖及其对策 [J]. 云南环境科学, 2003 (S2)：51 - 54.

[200] 张艳会, 杨桂山, 万荣荣. 湖泊水生态系统健康评价指标研究 [J]. 资源科学, 2014, 36 (6)：1306 - 1315.

[201] 张扬. 阳宗海重金属元素近期变化及砷污染记录研究 [D]. 昆明：云南师范大学, 2016.

[202] 张玉玺, 孙继朝, 向小平, 等. 阳宗海表层沉积物中的重金属生态风险评估 [J]. 水资源保护, 2012, 28 (5)：19 - 24.

[203] 张召文. 云南九大高原湖泊治理的复杂性、艰巨性和长期性 [J]. 环境科学导刊, 2012, 31 (1)：19 - 20.

[204] 张志明. 高原湖泊富营养化发生机制与防治对策初探 [J]. 环境科学导刊, 2009, 28 (3)：52 - 56.

[205] 赵光洲, 徐海涛. 云南高原湖泊湖区可持续发展模式研究 [J]. 未来与发展, 2011, 34 (7)：93 - 96.

[206] 赵逯. 高原湖泊非点源污染及其控制 [J]. 云南水力发电, 2008 (2)：17 - 18, 36.

[207] 赵敏慧, 杨礼攀, 杨中宝, 等. 抚仙湖流域磷矿开采废弃地恢复元江栲群落的树种配置研究 [J]. 水土保持通报, 2010, 30 (2)：239 - 242.

[208] 郑茜, 段立曾. 云南典型高原湖泊富营养化及其生态修复研究 [J]. 吉林水利, 2014 (3)：1 - 9.

[209] 郑祥, 方增福. 玉溪市抚仙湖沿岸景观生态建设规划 [J]. 玉溪师范高等专科学校学报, 2000 (4)：91 - 94.

[210] 钟献兵. 金融支持高原湖泊保护：抚仙湖实践与经验 [J]. 时代金融, 2014 (35)：33 - 34.

[211] 钟振宇. 洞庭湖生态健康与安全评价研究 [D]. 长沙：中南大学, 2010.

[212] 周佳. 星云湖中紫色非硫光合细菌的生态分布特征及初步应用 [D]. 昆明：云南师范大学, 2006.

[213] 周霖, 黄开银. 云南高原湖泊移植银鱼的实践与思考 [J]. 水利渔业, 2005 (3)：39 - 40.

［214］ 朱静平. 几种水环境质量综合评价方法的探讨 ［J］. 西南科技大学学报，2002，17 （4）：62 - 67.

［215］ 朱能勋. 浅析云南省九大高原湖泊水污染林业生态治理 ［J］. 林业调查规划，2012，37 （4）：99 - 103.

［216］ 庄玉兰，冯炽华，李建华. 云南高原湖泊太湖新银鱼增殖生态研究 ［J］. 水利渔业，1996 （3）：16 - 20.